SAM GILBERT

GOOD DATA

好的数据

乐观主义者的数字未来指南

An Optimist's Guide to
Our Digital Future

[英] 萨姆·吉尔伯特————著

王申 罗孟昕————译　孟雁北————审校

上海人民出版社

致詹妮，她是那个看到其他可能性的人

目　录

第四部分　政策建议

致　谢

《好的数据》脱胎于我 2018—2019 年在剑桥大学攻读国际关系与政治硕士学位的学位论文,名为《迈向数字合法性理论》(Towards a Theory of Digital Legitimacy)。在论文写作时,我从老师和同学身上学到了很多东西,也从剑桥大学的众多研讨会、讲座和学术活动中学到了很多东西。我特别感谢邓肯・贝尔教授的指导。

完成哲学硕士学位后,我想要寻找一个可以让我继续思考论文并将其出版成书的项目。戴安・科伊尔教授和迈克尔・肯尼教授向我提供了在本内特研究所的学习机会。本内特研究所是剑桥大学重新思考动荡和不平等加剧时代公共政策的研究人员的组织,我在本内特研究所工作期间不断受到启发,并以成为团队的一员而自豪。

在信任与技术倡议的一次会议上,我与阿拉斯泰尔・贝雷斯福德(Alastair Beresford)教授进行了一次偶然的对话,他将我介绍给我的经纪人乔纳森・康韦(Jonathan Conway),没有乔纳森的奉献精神和创造性投入，就不可能有《好的数据》这本书。韦尔贝克出版社（Welbeck Publishing）的韦恩·戴维斯（Wayne Davies）带来了很多建设性的建议，编辑奥利弗·霍顿·里亚（Oliver Holden Rea）的鼓励让我的写作尽可能让更多的人都能接受。

如果我没有在数据和数字营销领域工作这么长时间，我也不会为《好的数据》这本书积累那么多好素材。我非常感谢这些年来与保贝美（Bought By Many）、益百利（Experian）以及那么多专业网站的我的同事们进行的多次对话和合作。在这本书中，我提及了其中一些人，感谢他们让我的人生如此丰富。

我开始写《好的数据》这本书时，还在另一个国家和不同的世界，是詹妮·温霍尔（Jennie Winhall）的建议、鼓励和支持一直陪伴着我，我一如既往地深深地感谢她。

萨姆·吉尔伯特

2021 年 1 月于哥本哈根

导　论

　　2018年，39岁的我选择重新回到大学继续读书。雷（Ray）是我在网上找到的一位帮手，他帮我把我的一个手提箱和几箱子书装进他的货车后部，然后开车把我从伦敦送到剑桥。9月是学生搬家的繁忙日子，在旅途中，我们聊到了他那周接到的去往其他城市的订单——南安普顿、曼彻斯特，以及再去一趟剑桥。我看到他的钥匙链上挂着德国牧羊犬的小挂件，所以问他是不是喜欢德国牧羊犬。他说没错，他有两只狗，分别叫萝拉和查理。雷说这两只狗都是搜救犬：萝拉五岁了，但仍和她是小狗时一样可爱；查理年纪更大、更警觉，在陌生人面前尤其如此。我们讨论了狗对人们的身体和情感健康的巨大影响。当雷问我在剑桥要学什么时，我告诉他我要学政治学。他在回应之前思考了一会儿，正当我脑海中迅速闪过英国脱欧、唐纳德·特朗普等议题以应对他可能的追问时，他却只说了一句："你确实选择了一个有趣的时机来做这件事。"

　　当然，不是每个人对我回学校读书这件事的反应都像雷这样云淡风轻。在过去的6年里，我一直担任英国发展最快的科技公司之一的保贝美(Bought By Many)*的首席营销官。在递交辞职信后,我在领英(LinkedIn)上更新了自己的状态。没过多久,一位老同事联系我,问我要不要一起去喝杯咖啡。我欣然应邀,当然也在想万一他对我的学术研究感兴趣呢。我们约在克莱肯威尔(Clerkenwell)一家时尚且文艺的咖啡馆见面。"嗯,"服务员端来我们点的馥芮白咖啡后,他说道:"我本以为你很智慧的,怎么现在作出这么荒唐的决定呢?"他甚至认为我正在经历中年危机。当我独自一人在剑桥,擦拭着我学生公寓地下室厨房的抽屉时,我想我能理解一点这位老兄的惊诧了。

为什么我选择了这条确实令大多数人感到困惑的职业道路?我想我的决定来自 2018 年 4 月 17 日晚《卫报》(*Guardian*)的那次现场直播。当时我的生活一切都很顺利,但外面的世界似乎正在分崩离析。一段时间以来,自由民主之风每况愈下,右翼民粹主义者赢得了法国、荷兰、德国和奥地利的多数选票和议会席位。但世界上正在发生变化的情况远不止于此。我们这个世界似乎终于找到了英国脱欧、特朗普和其他一切看起来不令人愉快之事的罪魁祸首:脸书(Facebook 后改名 Meta),而自由民主经历的危机正是马克·扎克伯格所犯下的过错。

我们回到《卫报》的那次直播活动。那次活动的主题是剑桥分析公司里的一位告密者克里斯托弗·怀利(Christopher Wylie)和在那次直播中揭发丑闻的《观察家》记者卡罗尔·卡德瓦拉德(Carole Cadwalladr)之间的访谈。当时,我和我的老朋友吉姆一

---

* 保贝美(Bought By Many)是一家总部位于英国伦敦的宠物保险公司,公司中文名为译者所起。——译者注

起坐在观众席里。吉姆和我在 2008 年他雇用我在益百利(Experian)数据公司工作时就认识了。我们一起合作,为数字营销人员开发益百利软件和数据产品,这个项目也包括对闪科(Techlightenment)的收购活动,而闪科是一家拥有一个运营大规模的脸书广告活动平台的初创公司。后来,吉姆跳槽去了 DNA 视觉(VisualDNA)掌管营销业务,DNA 视觉是一家利用个人定制化调查问卷来精准推送在线广告的公司。我则去了保贝美,通过在脸书上收集数据,分析客户喜欢的狗和猫的品种,并向他们精准推送广告,以此拉来了数十万名新客户。当我坐在黑暗的礼堂里,听怀利讲述剑桥分析公司如何利用脸书数据为其政治关联的客户对普通人发动心理战时,我心里不由被蒙上一层阴云。我瞥了吉姆一眼,他的眼神中似乎流露出和我相同的困惑。"见贤思齐焉,见不贤而内自省也。"我们是不是也犯了同样的错?我们也是坏人吗?我有一种阴郁冰凉的感觉。

但随后我意识到演讲人正在让我失去与现实的联系。毫无疑问,怀利有他独特的魅力,机智而犀利的谈吐十分迷人。他穿着破洞牛仔裤,戴着大眼镜和鼻环,还有一头热辣粉红的头发,这很符合人们心中对数据矿工和电脑极客的刻板印象。因此我也很容易理解为什么卡德瓦拉德作为一名专栏作家认为这位怀利掌握的消息来源是有可信度的,以及为什么怀利能够吸引观众的注意力。他是一个优秀的故事讲述者,有一种用外行人能够理解的语言体系阐述数据分析这门复杂技术的天赋。但我从自己的专业经验中知道,他对脸书和定向投放数字广告技术所说的很多话都有误导性。更糟糕的是,其中一些内容是完全错误的。

在离开直播活动现场的时候,我们遇到了一位朋友,她和她的丈夫曾经经营一家医疗智库。他们对所听到的感到苦恼和愤怒。尽管他们是绿党＊的活跃成员,但他们的愤怒无关政党政治,这场活动的话题实际上事关的是民主机制的完整性。脸书正在破坏民主的根基,而且一些事情已经发生了。我与他们对当代政治有相同的担忧,但我不同意推翻脸书就是我们想要的答案。我想解释怀利所讲的故事内容存在一些错误之处,以及为什么这么多有智慧和有思想的人被这些错误所迷惑是一件危险的事情。毕竟,我在数据分析和数字营销领域工作了18年自己也几乎被它洗脑。

尽管我当时想说,但我什么也没说——我意识到我找不到合适的语言去表达。当时,我只说了一些只有我们这些数字市场营销人员内部才能听得明白的一些技术性行话。我本可以展开谈谈市场分割、潜在客户、网页浏览缓存(cookies)的运作机理以及相似客户群等,但这并不能更好地表达我的想法,更改变不了什么。我觉得我需要一种新的思路和话语体系与大家交流数据相关的议题,所以我选择辞掉了工作,回到大学进行学习。

＊　＊　＊

在相对较短的时间内,一个极具影响力的理论已经发展出来,用来解释脸书等科技公司与过去几年的政治和社会动荡之间的明显联系。它关注数据的作用,被称为"监视资本主义"(surveillance capitalism)。该术语由哈佛商学院教授肖沙娜·祖波夫(Shoshana Zuboff)于2015年提出,正是她最近出版的700页的著作《监视资本

主义时代》(*The Age of Supervision Capitalism*)将其推向了主流。许多其他对技术持批评观点的知名学者,包括泽奈普·图费克奇(Zeynep Tufekci)、希瓦·韦迪雅那桑(Siva Vaidhyanathan)和约翰·诺顿(John Nouton),也赞同这一观点。这是反对脸书的案例。

当你在脸书、照片墙(Instagram)或瓦茨艾普(WhatsApp)注册时,你会给脸书一些你的个人数据,这样你就可以创建个人资料并找到其他用户。这可能包括你的电话号码、出生日期、你上的学校、你最喜欢的音乐等等。当你继续使用脸书时,你的个人资料会得到来自其他数据的补充,比如与你建立联系的朋友、你加入的团体以及你关注的组织和公众人物。我们将这种数据称为个人画像数据(profile data)。脸书还收集有关你的行为数据,例如,你所喜欢或分享的新闻轶事、你取消静音播放状态观看的视频以及与你互动最频繁的那些朋友等等。另外,由于它还通过"使用脸书账号登录"等功能与其他网站建立集成关系,所以脸书还能够收集你在网上其他地方浏览的数据。我们称以上这类数据为行为数据(be-havioral data)。

你的个人画像数据和你的行为数据将被脸书整合起来,这意味着你的信息会被投放到几乎无限数量的潜在受众中,然后广告商可以通过给脸书一笔钱来使用脸书的工具来进行广告的定向推送。例如,一家床垫公司可能想向年龄在 29 岁到 45 岁之间喜欢瑜伽的女性推销其新产品,脸书上的数据让这一切得以实现。如果你符合这一要求,那么你的推送中就会出现类似这样的一则广告:一位女性以莲花坐姿漂浮在床垫上方的图片。如果你不符合这一群体特征,它就不会向你推送。如果这家床垫公司是在传统媒体上做广告的话,那么它就只能在面向健康意识强的女性的杂志上,或者在大城市火车站的广告牌上做广告了。在传统方式下,看到广告的大多数人都不是广告公司想要的目标受众。

以这种方式收集和整理数据,让脸书的广告位比杂志和广告牌上的大多数广告位更具有价值。这是脸书盈利的重要部分。监视资本主义理论认为,这种商业模式"本质不合法"。这是一个相当强的结论。如果某件事情是不合法的,我们就不能支持它的存在——这意味着它不仅是不公正的,而且实际上是不可容忍的。一个典型的非法性例子是一个武装团体通过政变夺取一个民主国家的控制权。监视资本主义理论认为,脸书对数据的使用也同样严重,有以下三个方面的原因。

第一,你并没有允许脸书以这种方式使用你的个人画像数据,你没有同意脸书这样做。当然,脸书的服务条款或其数据使用政策可能会提及数据使用方式这一点,但这些条款太长且难以被用户清晰理解。寄希望于用户认真将这些条款真正读完是不公平的,所以你点击"接受"来表达的任何同意都不能被视为是知情(informed)同意。

第二,行为数据的收集是隐蔽且具有侵犯性的,换句话说,它就相当于监视。因此,这是对隐私权的侵犯,相当于有人在你家里秘密拍摄你或窃听你的电话。同样,脸书条款和条件中无论怎么说都是无关紧要的,因为理解他们描述的技术过程超出了大多数脸书用户的能力。此外,如果你想拿回自己的个人画像数据和行为数据,还不想丢掉脸书所提供的服务,这几乎是不可能的。

第三,脸书的商业模式所创造的社会关系是掠夺性和剥夺性的。个人资料数据应视为您的数字财产,行为数据应视为您的数字劳动力的剩余。脸书从你身上拿走了这些,使你成为现代数字世界中的一个农奴,为一个残忍的封建主而劳碌。因此,脸书从数据中获得的权力是"不合法的",因为它是通过一种如果理性的人意识到这些,他就不会同意的手段获得的。

网站上宣传克里斯托弗·怀利和卡罗尔·卡德瓦莱德访谈对话的图片直接来自科幻小说中的反乌托邦[*]:两只巨手压在坐在电脑屏幕前的一排人身上(如下图所示)。下面这些人实际上是被操纵的——两只巨手的每个手指的指尖与每个人的头部融合,使数据从设备中倾泻而出,就好像他们的生命之血从设备中流出一样。副标题写道:"互联网已经被腐蚀成了权贵的宣传工具",这幅图也可以被称为"行动中的监视资本主义"。

行动中的监视资本主义

《卫报》宣传 2018 年 4 月 17 日克里斯托弗·怀利和卡罗尔·卡德瓦莱德访谈活动的图片。

但这还不是全部。监视资本主义理论声称,脸书追求增长的

---

[*]　反乌托邦:想象中地狱般的、一切都很糟糕的社会状态。——译者注

动机是希望积累更多的数据,而其在世界上几乎每个国家的快速扩张是由于其对利润的贪婪追求。脸书利用其应用程序传播政治口号、极端主义内容和假新闻与其战略目的是一致的;色情内容和愤怒情绪会带来更多的点击和分享,从而产生更多的行为数据。缅甸罗兴亚穆斯林的种族清洗、极右翼阴谋论的兴起、反疫苗主义运动以及民粹主义者的选举,从唐纳德·特朗普到菲律宾的罗德里戈·杜特尔特,再到意大利的马特奥·萨尔维尼,都与脸书商业模式的灾难性后果有关。

与此同时,监视资本主义理论声称,脸书削弱了人类的自由。脸书通过收集海量的行为数据来为其用户界面的设计提供支持,这种数据驱动型设计旨在吸引你花更多的时间使用它的应用程序,即使这样会对你的健康产生严重伤害。这种伤害不仅表现为越来越多的年轻人变得焦虑,开始自我伤害、产生自杀的念头,也包括注意力难以集中、不满、无聊和萎靡不振等。总之,脸书正在利用它从你那里非法获得的数据,以及它雇用的数据科学家、软件工程师和设计师的才能,制造一场流行的数字成瘾。正如前脸书员工安东尼奥·加西亚·马丁内斯(Antonio García Martínez)所说,脸书是"偌大互联网上的合法污点"。

把上述这些串在一起,这就是一个可怕的故事。脸书窃取你的个人数据,并利用这些数据操纵你对其应用程序上瘾,这样你就会产生更多的数据,然后它再接着窃取这些新数据。脸书随后会将从你那里窃取的数据卖给广告商,这样他们就可以操纵你购买他们的产品,或者在公投或选举中为他们所支持的一方投票。脸书其实并不在乎广告商为什么想要你的数据,他们如何使用这些数据,或者对社会造成什么后果,脸书只关心利润——只要你的喜好、分享和评论能够不断制造出它可以出售的数据,对他们来说就都是一样的。剑桥分析公司在英国脱欧公投和特朗普大选中将你的数据用作对付你的武器,而脸书对此毫不在意。

可怕吗? 如果你的回答是肯定的,我完全理解为什么。我们正处于对数据极度悲观主义的时期。似乎每天都有新闻报道涉及社交媒体和手机参与的网络间谍活动、有组织的犯罪或集权压制等。在线表达你的想法的风险从未像现在这样严重,因此像瓦茨艾普和色拉布(Snapchat)等平台上的加密私人信息正迅速成为我们首选的交流方式也就不足为奇了。与此同时,科技公司似乎变得越来越强大。十年前,世界十大公司中只有一家是科技公司;现在,这一比例跃升至七成。脸书、谷歌、亚马逊、微软和苹果等科技巨头的市值如今已超过大多数国家的国内生产总值(GDP)——这一优势让它们的创始人和高管们变得异常富有。通过限制数据的使用方式,政策制定者承诺修复科技公司已经给世界秩序、文明和平等造成的损害。

然而,这个故事还有另一个更乐观的方面——是关于"好的数据"的故事。说到这里,我从一个与大多数人不同的立场开始写关于数据和技术巨头的文章。许多在这些议题上影响公众舆论的学者、文化评论员和记者都很有见识,但他们往往也是外部观察者,他们没有在脸书上进行过广告活动或者为拓展业务分析过谷歌数据。通过提供具有数字营销和数据科学实际经验的人的内部视角,通过这本书我希望能够提供关于这些重要议题的新洞见和新思考方式。

本书所讲的是一个乍一看可能是逆向思维的故事。毕竟,本书揭示了为什么我们不必过于担心大型科技公司如何使用我们的数据。本书解释了精准推送的数字广告并不像你想象的那么私人、邪恶或者具有诱惑力，而且我们产生的大部分数据也并不是我们因为被欺骗而制造出来的珍贵商品。本书解释了为什么大型科技公司的权力，尽管规模和力量都很大，却还是不像国家的权力。本书还揭示了如何在不禁止的情况下通过改革而使他们能够更好地服务于公共利益。最重要的是，这是一个我们可以通过释放更多而不是更少的数据投入公共领域，从而产生巨大社会效益的故事。政府的数据、科技公司的数据，还有我们的数据，都可以是"好的数据"。

* * *

数字技术如此普及，以至于我们日常生活的几乎每一个方面都会产生或消耗数据，它也将会继续激增。这些数据是否被运用为一股有益的力量取决于我们共同作出的关于社会规范的选择，以及政治家代表我们作出的关于法律法规的选择。目前，监视资本主义理论正在作出这些选择。但在我看来，与科技公司使用数据相关的风险被大大夸大了，而数据开放对个人和社会的好处被低估甚至被遗忘了。现在，是重新发现数据具有使我们所有人的生活更好的可能性的时候了，也是讨论"好的数据"的时候了！

注 释

1.《卫报》的直播活动是"Newsroom：The Cambridge Analytical files"。图片来源于马特·凯尼恩（Matt Kenyon）。

2. 闪科（Techlightenment）现在改名为化合物社会（Alchemy Social）。尼尔森 2017 年收购了DNA 视觉。

3. "监视资本主义"一词第一次出现在 Zuboff, S., Big Other：Surveillance Capitalism and the Prospects of an Information Civilization, *Journal of Information Technology*，30（1），

2015，pp.75—89。

4. 基于数字驱动型广告的商业模式被描述为"本质不合法"，参见 Zuboff, S., *The Age of Surveillance Capitalism：The Fight for a Human Future at the New Frontier of Power*，Profile，2015，Kindle edition，Loc 250。在书里共计 12 次被描述为"不合法"（参见 Loc 2689，3403，3587，5850，6263，8736，8811，9375，9429，9463，12705）。关于合法性概念的更全面的讨论，参见第八章。

5. 除了祖波夫之外，弗雷德·特纳最近的工作还声称脸书的商业模式具有掠夺性和夺取性特征，包括：

   • Turner, F., "The Arts at Facebook：An Aesthetic Infrastructure for Surveillance Capitalism"，*Poetics*，67，2018，pp.53—62.

   • Turner, F., "Machine Politics：The Rise of the Internet and a New Age of Authoritarianism"，*Harper's Magazine*，January 2019，pp.25—33.

   在第二篇文章中，特纳将罗辛亚种族清洗归咎于脸书(p.26)。

6. 约翰·诺顿在 2018 年 11 月 23 日举行的 CRASSH 的"关于阴谋与民主：历史、政治理论和互联网"活动上发表了题为《计算阴谋论：数字民主如何将阴谋论带入主流》(Computational Conspiracism：How Digital Democracy Brought Conspiracy Theory into the Mainstream)的演讲，将阴谋的主流化归因于社交媒体公司。

7. 关于脸书从仇恨言论中获得经济利益并为民粹主义领导人的选举承担责任的说法，参见 Vaidhyanathan, S., *Antisocial Media：How Facebook Disconnects Us and Undermines Democracy*，Oxford University Press，New York，2018，pp.2—3，5—6，101，184ff，192—193。

8. 关于数字农奴制，参见 Cobbe, J., *Big Data*，*Surveillance and the Digital Citizen*，Queen's University Belfast，2018，pp.101ff。

9. 关于脸书和其他应用程序的用户界面设计伦理，参见 Williams, J., *Stand Out of Our Light：Freedom and Resistance in the Attention Economy*，Cambridge University Press，Cambridge，2018。

10. 将脸书称为"合法污点"的言论来自 García Martínez, A., *Chaos Monkeys：Mayhem and Mania inside the Silicon Valley Money Machine*，Ebury，London，2016，p.228。

11. 关于政治家在政策建议中引用的监视资本主义理论的例子，参见：

    • Warren, E., "Here's How We Can Break Up Big Tech"，Medium，8 March 2019.

    • Perrigo, B., "How This Politician Put Britain at the Forefront of the War Against Facebook"，*Time*，19 February 2019。

12. 关于推特羞辱，参见 Ronson, J., *So You've Been Publicly Shamed*，Picador，London，2015。

13. 关于大型科技公司的市值，见 https://ycharts.com/。

第一部分

妄　想

数据是
新的石油？

1

2018 年 4 月，马克·扎克伯格被传唤到华盛顿特区出席美国国会会议，并被要求回答有关剑桥分析公司丑闻的问题。在伦敦的家里，我为了观看听证会现场直播连续熬了两晚。这是一场严肃的听证，但也出现了一个欢快的喜剧时刻，那就是当犹他州 80 多岁的参议员奥林·哈奇（Orrin Hatch）问扎克伯格："你是如何维持一个用户不为你的服务付费的商业模式"时，这位身穿深色西装、打着蓝色领带的脸书创始人恭敬地回答了问题。无论这个问题是出于政党的政治较量还是对技术的薄弱认知，哈奇参议员与现代世界的脱节程度对扎克伯格来说都太离谱了。他停顿了一下，竭力避免露出诧异的表情，然后干巴巴地回答说："参议员，我们经营广告。"

以广告为基础的商业模式已经存在了数百年，这也是许多报纸、杂志、广播电台和电视频道的商业基础。这种模式已经被所有人的生活所接受，一般不存在争议。其中，新闻、观点和娱乐是免费提供的，而运营资金的来源是对那些希望向读者、听众和观众推销其产品的公司出售广告位。这个广告位的价值取决于它预计能接触到多少潜在客户，以及这些客户在广告商产品上花钱的倾向。脸书的商业模式与谷歌和推特等其他数字广告位的所有者的商业模式基本相同，即网站和应用程序用户界面的部分空间被保留，用于广告并拍卖给广告商，从而产生收入；因此，像社交网络、信息传输、电子邮件和搜索这样的服务就可以免费提供给用户。这种商业模式与传统媒体公司的不同之处在于，它使用的数据使广告商能够瞄准特定的受众。监视资本主义理论基于对数据这样的使用，认为脸书和谷歌等公司的商业模式是"不合法的"。

在本书的导论中，我提到雷的德国牧羊犬们。他并没有告诉我牧羊犬的存在，但我注意到了他的"我爱德牧"字样的钥匙链。如果他当时戴着酒红和天蓝相间的围巾，我就可能会和他聊西汉姆联队。在我提问前，我无法确定他是否养德牧，其实会有很多其他理由可以合理地解释他的钥匙链——可能是他偶然拥有的，也可能这个货车是他从朋友那里借来的。但我做了一个有根据的猜测，结果证明我是正确的，我们就他的狗进行了热烈而深入的交谈。

统计学家把这种行为称之为概率推断（probabilistic inference）。雷也在无意识的情况下对我进行了推断，他把九月这个时间、我的目的地剑桥和小行李中很大比例是书的这几个因素结合在一起，推断出我可能是个学生。当你被脸书广告选定为目标后，这样的概率推断就在发生；广告商划定了他们希望能接收到广告的受众（例如，喜欢瑜伽的女性、德牧爱好者或西汉姆球迷），接着脸书利用数据对这些人可能是谁进行有根据的猜测。

脸书或广告商们并不是真正了解你的真实偏好,实际上,他们也不需要知道这些。假如一个体育零售商给你看了一个关于西汉姆周边产品的广告,而你又不是西汉姆球迷,这完全无伤大雅——你在半秒钟内刷过广告,接着就将它抛之脑后。但当脸书猜对时,却让人觉得不可思议,这就是为什么有些人相信脸书一定在通过笔记本电脑或手机上的麦克风在窃听的原因。我们可能会说:"今天早上我刚跟朋友说我想买一件新的西汉姆球衣,现在我的照片墙上就有一个新的西汉姆球衣的广告!"但更可能的解释是,这段对话和广告有着相同的潜在原因:西汉姆为下个赛季发布了他们的球衣,零售商们想推销这款球衣,球迷们(其中许多人会关注球队的脸书页面)也会谈论这款球衣。不过大多数时候,人们几乎注意不到广告的精准定位正在发生。

监视资本主义理论的一个关键主张是,这种精准定位是不能容忍的,因为这是对隐私的侵犯。但是隐私具有主观性,我们对隐私的认知往往随着所处社会环境和对象的不同而变化。当我在发现雷的钥匙链后,询问他关于德牧的事情是否会侵犯他的隐私?我想我和雷的答案都会是"没有"。钥匙插在点火器里,这是一个公共区域,我或者任何坐在雷车上的乘客都可以直接看到钥匙链。如果我们身处于一个与陌生人交往的原则不一样的国家,也许情况会有所不同——假设我在瑞典,即使我注意到了瑞典柯基犬的钥匙链,也习惯性认为对它发表评论是不礼貌的。或者如果雷喜欢把工作和生活分开,情况也可能会不同,因为在那样的情形下,他将会选择一个没有任何含义的钥匙链,并把查理(雷的德国牧羊犬)的口套放在乘客的视线盲区,而不是挂在后视镜上。

雷对钥匙链的选择类似于个人画像数据的模拟版本，就像你的脸书个人资料所表达的数据。类似的实际个人资料数据的例证还包括：喜欢脸书上的德国牧羊犬社区（拥有近 250 万粉丝），或者加入德国牧羊犬主小组（拥有超过 10 万名成员）。你喜欢的页面和你加入的群组会出现在你的个人资料中，并且对包括广告商在内的其他脸书用户是可见的。除非你选择隐藏他们，不然这些信息就处于公共区域，概率推断就可以从中得出你的喜好。

脸书向你展示基于你的个人资料数据推断出的广告是否侵犯了你的隐私？我认为，这更像是一个个人偏好的问题，而并非如监视资本主义理论所说的那样，是一个道德问题。为了使这个问题更加贴近生活，我想讲述我在 2012 年至 2018 年间在早期的保贝美公司工作的故事。

为什么要在脸书上做广告？

创业初期，在企业家们还不知道自己的产品是什么或客户是谁之前，他们通常会尽其所能来省钱，其中一个重要的方法就是节省办公空间。我和两位联合创始人就我们的第一个办公室选址展开了深入的讨论，选定了伦敦市中心的法林顿这个对所有人都相对便捷的位置，并竭尽所能在网上寻找最便宜的地方。最终，我们在一栋服务式办公楼里找到了一间粉刷过的小房间。虽然从面积上看这是一个正式的两人房间，但我们决定使用小书桌把我们所有人都塞进去。房间里剩下的空间刚好能容下保贝美公司仅有的实物资产：一台简易打印机和一台咖啡机。当我们有客人时，就得从另一间办公室借一把椅子，然后摆放在关上的门后。第一个来拜访我们的是种子投资者约翰（John）。鉴于他已经为保贝美投入了30万英镑的资金，我们非常想要热情地款待他并给他留下好印象。我们为他做了一杯拿铁，把借来的椅子放在门后。约翰一坐下来，我的联合创始人史蒂文（Steven）就开始汇报我们在头几个星期里取得的最新进展。听着听着，当约翰缓缓向后将重心压着椅子背上时，椅子的右后腿突然穿过地板直直地插进了下面的空隙，约翰猛地向后摔去。虽然他幸运地保住了咖啡杯，也不需要被急救或安排干洗，但我们还是想找个地缝钻进去。不过几个月后，我们终于有了我们的第一个雇员，并搬进了一个五人间办公室，这个地上有洞的小办公室成了放文具柜的屋子。

我们另一种节约资金的方法是尽可能削减发给我们自己的工资。史蒂文保留了一份兼职临时 CEO 的工作，这意味着他只需要从保贝美获得最少的工资，但这也导致他不能一直待在办公室里；我和盖伊（Guy）则通过减少生活花销将工资压缩到之前的50%。有些时候，盖伊为了不支付从迈登海德来伦敦的火车票钱，会选择在他花园的棚子底下工作，这导致我经常独自待在办公室里。我其实更喜欢与共事的伙伴在物理距离上离得近一些，所以那些日子对我来说很难挨。办公室的吊顶很高，有一扇又高又宽的钢窗，这些赋予了它特色，也带来了冬天的严寒。独自一人的我时常会陷于对自己选择的怀疑和伤感之中，就像六年后的我在剑桥图书馆的阴冷角落里所做的那样。正是在那些时候，我才理解了脸书的价值。

那时保贝美假设，如果我们能让那些有同样保险需求的人身处同一个网络小组中，就可以利用团购的集体购买力与保险公司进行谈判以达成更好的交易。当盖伊为网站编写代码，史蒂文与保险公司协商协议时，我的工作重点是如何建立起保单团购的组织并在现实中进行测试。第一个想法是，制定一个为在业余橄榄球比赛中受伤的年轻人提供100万英镑保额的保险政策。为了寻找可能感兴趣的人，我开始痴迷地跟踪学校橄榄球比赛结果，以弄清到底哪些是最顶尖的球队。每个星期一早上，我都会给10所或15所学校的教练们发邮件以祝贺他们上星期六取得的成绩或者对他们表示遗憾，然后向他们推荐保贝美的保险。我的努力一直遭到忽视。最后，一位教练善意地解释说，我们的方案有两个主要问题。其一，学校不愿意引起家长对专业保险产品的关注，因为这意味着橄榄球不安全且学校现有的保险安排是不充分的。其二，他们希望球员工会、RFU（橄榄球联盟）和更广泛的"橄榄球家庭"会照顾任何在比赛中受到严重伤害的人。当英格兰21岁以下青年队的支柱前锋马特·汉普森（Matt Hampson）在一场比赛中受伤瘫痪后，情况就是如此。我去他位于拉特兰乡村的家中采访时，他动情地讲述了事故发生后得到的经济、物质和情感上的支持。总而言之，我们的第一次尝试挑中了一个人们不愿公开谈论的问题，而且这个问题已经有了局外人不了解但实际上非常完善的解决方案。

我们的第二个想法同样存在缺陷。一家房屋保险公司想在萨默塞特郡的耶奥维尔获得新客户，并同意如果我们签了100个客户，就提供团体折扣。我尝试了各种各样的策略，想要激起镇上的居民对和他们的邻居们一起团购以获得更便宜的房屋保险的兴趣。我还搞了一个糟糕透顶的谷歌广告活动,为了给用户一次点击进入我们网站的机会,我花了26英镑。接着,我说服史蒂文和盖伊,我们应当到耶奥维尔去住两天,期望我们能遇到"社区意见领袖"。我们在街上闲逛,随机和人交谈,但毫无收获——没人对此感兴趣。我们了解到的唯一有用的东西是,很多人认为我们传递的关于保贝美的信息是"新的""不同的"和"创新的",这种获得保险的方式显得有点格格不入,相比之下他们更认可他们能够理解和信任的既有的保险购买方式。

11月的一个下午,我在小办公室里从这些教训中吸取经验后,决定转向脸书。在一次为初创企业举办的社交活动上,曾为私人助理们创建社交网络的企业家克里斯(Chris)告诉我,他是如何获得首批500名用户的。他登录了领英,加入了能找到的所有针对私人助理建立的小组,并开始回答人们的问题:九龙哪家酒店的健身房最好?在欧洲之星列车上与供应商会面是否可行?几周后,他觉得自己拥有了足够的可信度,于是开始在自己的网站上发布与讨论相关的文章链接。小组内的其他成员关注了他,发现这些信息确实有用,因此欣然加入克里斯的社交网络。我想,也许我可以做一些类似的事来推行我关于保贝美新的商业想法——例如,为糖尿病患者购买旅行保险。

与糖尿病相关的团体在领英上并不多见,但脸书上却有很多。在数据科学家史蒂夫·约翰斯顿(Steve Johnston)和利亚姆·麦基(Liam McGee)的帮助下,盖伊和我建立了一个庞大的匿名互联网保险搜索数据库,该数据库能显示互联网上关于每个搜索主题的内容页面数。对这些数据的分析显示,成千上万的人正在搜索涵盖糖尿病并发症的旅行保险,但几乎没有一家保险公司在其网站上提供有关这些情况的信息。

我认为我有了一个保险业未能满足糖尿病患者需求的有价值的想法。那么我是否可以加入脸书的糖尿病患者小组,参与到对话中,并选择时机提及保贝美的旅行保险,以重复克里斯的成功呢?浏览了这些小组之后,我发现我不能。首先,与克里斯不同的是,除了一个非常具体的需求内容之外,我没有任何有价值的知识可以贡献。其次,大多数小组不允许商业组织参与;即使并不是明确禁止,我的加入也显得不大合适。小组里的对话都发生在那些生活直接受到糖尿病影响的人们之间:他们分享选购血糖监测仪的建议,讲述胰岛素注射的尴尬故事,抚慰经历疼痛的患者。很多学者并不认可使用"社区"来描述网络小组,但我观察到这些糖尿病患者们确实依托于网络群组建立起守望相助的社区。我本可以假装成一名患者,但那非常不敬,甚至违反了规定。因此,我需要重新思考。

我开始接触脸书广告。我对这种广告模式的了解来自当时在数据公司益百利工作时,为公司收购闪科的经验。闪科的软件使零售商能轻松为他们的大型产品目录生成数千个不同的广告。由于保贝美的业务与闪科无关,我当时没有想过尝试脸书广告,但现在,看着脸书上糖尿病相关的对话的活跃动态,投放脸书广告变成了显而易见的答案。我登录的受众洞察(Audience Insights)是一个根据你为营销活动设定的条件估算你能接触到多少用户的脸书工具。使用时,我将"地理范围"设置为"英国",在"兴趣"中键入

"糖尿病",然后按回车键——150万人。哇！我又键入"糖尿病视网膜病"并再次点击回车键——21.6万人;"糖尿病足"* 的结果是6.6万人。我一时间对这个结果感到震惊—分析匿名互联网搜索数据为我提供了满足糖尿病旅行保险需求的重要条件,现在我找到了让受益人们了解保险,而不违反他们的网上社区规范的方法。显然这比给学校橄榄球教练发邮件和在耶奥维尔闲逛要好得多。不到一个小时,我就在脸书上为糖尿病患者旅游保险小组发布了一些简单的广告宣传。一周内,史蒂文找到了一家可以承保糖尿病并发症的保险经纪公司,并达成了为保贝美的会员提供12.5%折扣的交易。不到两周,保贝美就有了一千多名会员——我们的生意步入正轨了。

微观目标锁定的是非

最初我在组织保贝美活动时所用的目标锁定方法,被称为微观目标锁定。利用微观目标锁定,可以划定一个具有高度特殊性的受众,例如,根据脸书上的数据,将英国18岁以上且对糖尿病视网膜病变更感兴趣的人划为受众。自从剑桥分析公司丑闻** 以来,微观目标锁定已经成为一切数据驱动广告的劣迹的代名词。所以你也许会认为,我的糖尿病旅游保险微观定向广告会震惊到

* 糖尿病足是指糖尿病患者因下肢远端神经异常和不同程度的血管病变导致的足部感染、溃疡和(或)深层组织破坏。——译者注
** 指8 700万脸书用户数据被不当泄露给政治咨询公司剑桥分析,用于在2016年总统大选时支持美国总统特朗普。——译者注

受众。但事实上,在绝大多数情况下,他们真的很喜欢这些广告。为什么会这样呢？我想,一部分原因是因为他们认识到了糖尿病并发症给人们带来的挑战,尤其是如何获得负担得起旅行保险的挑战,而我们为此提供了切实的帮助。更重要的是,人们觉得为探讨这个具体挑战创造一个空间也很有价值。广告上的评论区成了一个讨论旅游保险利弊,以及对不同保险公司和不同国家医疗体系的经验分享的地方。正如雷没有因为我问他关于德国牧羊犬的事而感到被冒犯一样,大多数回复广告的人都不介意保贝美向他们传递糖尿病的相关信息;事实上,他们很欢迎接收到这些信息。在这两种情况下,基于数据推断产生的对话创造了一些新的共同价值。

我们可以把少数不喜欢广告的人分成两种。第一种,在看到这些广告的人中,有不到 1% 的人非常厌恶所有的广告,并愿意花时间和精力使用评论功能发布侮辱性消息和表情包来表达自己的不满。对这些人来说,隐私并不是问题所在;他们被广告本身所冒犯,并认为使用他们的个人资料数据投放目标锁定广告和发送不区分的垃圾邮件没有任何区别。第二种人是担心被锁定的人,这类人的数量比拒绝广告的人多,但比重视广告的人少很多倍。他们在发送给脸书公司主页的私人信息中表达了这一点,或者发表了类似"脸书怎么知道我得了糖尿病"这样的评论,为了理解为什么目标锁定可能引起情绪化的反应,就必须详细考虑他们的观点。

保贝美现在雇用了 200 多名员工,其中包括专门通过即时通（Facebook Messenger）、电子邮件和电话回答问题的团队。然而,当时只有我一个人做这些事——我是一个集营销、产品、运营和客户服务于一身的团队。这样做的缺点就是,两年来,直到我们雇得起第一位社交媒体经理海蒂(Heidi)为止,我的周末都花在与陌生人在保贝美的脸书广告下的评论帖子里交流。我会在周六早上边吃早餐边答疑解惑,也会在周日晚上看《古董路演》时瘫在沙发上打字。出门办事的时候,我会在公共汽车站、餐馆、商店和博物馆回答问题。这样做并没有特别影响我的生活质量,但却能带来一个巨大的好处:我开始了解收到广告的人是如何思考和感受的。我从中获得了很多领悟,在接下来的三年里,我让公司里的每个人在海蒂度假时轮流在我们的脸书评论帖子上回答问题。这些领悟大部分与保险有关,但我也了解了很多关于人们对数据的态度和理解。

我和少数拒绝被锁定的人进行了一些有趣的交流。他们通常并不讨厌基于从他们个人画像数据获得信息的目标锁定,而是讨厌依靠他们认为不合适的行为数据的目标锁定。你还记得吗?雷的德牧钥匙链就类似他个人画像数据,相比之下,让雷得出我可能是个学生结论的信息类似我的行为数据,这种数据是你在脸书应用程序和更广泛的网络上进行数字活动时所产生的。我实际的行为数据例证可能是我点赞了多个和剑桥耶稣学院相关的帖子,或者为了申请研究生课程在剑桥大学招生网站上浏览过数个小时。当你公开关注主要糖尿病慈善机构的脸书主页时,在脸书上看到糖尿病旅行保险的广告是一回事;但当你努力避免在你的档案上写任何关于糖尿病的内容却仍被目标锁定时,则完全是另一回事。同理,当雷问我将要学什么时,我并不觉得他侵犯了我的隐私,但如果他开车送我到阿登布鲁克医院(Addenbrooke's Hospital)附近的一个地址,问我要干什么时,我的感受可能会完全不同。

对此,我的观点是,数据驱动型的广告并不像监视资本主义理论所认为的那样,在本质上是侵犯隐私的——人们有时喜欢定向推送的广告,并从社交媒体中围绕他们展开的对话中获得有价值的东西。即使对广告毫无兴趣的人,也几乎不会因那些与他们在社交媒体上公开披露的兴趣有关的内容而感到困扰;如果广告确实让人感受到攻击性,那通常是因为你认为隐私的东西被从你的行为数据中推断出来,并被直接提及。有两种方法可以降低发生这种情况的风险:一种是通过法律——我们会在后文中讨论这种方法;另一种是通过控制数据的使用方式。与你可能从监视资本主义理论的支持者那里听到的论调相反,这一点也不难做到。

你不是产品

"如果不付费,你就会变成产品"是在脸书批评者中非常流行的说法。这是约翰·诺顿关于技术的 95 个论点之一,由尼尔·弗格森在《广场与高塔》这本关于互联网权力的著作中提出,而泽内普·图菲科奇则在 TED 演讲中使用了这一说法。这一想法引起了许多共鸣,因为它让人们注意到脸书的付费客户是广告商而非用户,也凸显了用户数据在为广告商创造价值方面所起的作用。虽然这种说法在学术研究、政治辩论以及科技新闻中司空见惯,但事实上,却是没有事实根据的。

从字面上说,"你就是产品"并没有准确描述脸书销售和广告商购买的内容,脸书的"产品"是其应用程序中的广告空间。这句话实际上是在隐喻公司与其用户之间的关系,它表明脸书将你视为自己的"产品",试图以一种不尊重你权利或福祉的剥夺权利的方式对待你。一个典型的例子是,英国数字、文化、媒体和体育部特别委员会在调查假新闻时认为,脸书通过用户界面设计和"复杂而冗长的条款和条件"使用户"在实践中极难保护自身数据"。如果这是真的,我们当然应当认为脸书虐待了它的用户,但实际并非完全如此。与绝大多数法律条款不同,脸书的数据使用政策是为可读性而设计的。它的"广告偏好中心"对用户完全透明,让用户能够控制他们的数据是否、何时以及如何用于定向推送广告。用户可以删除其关系状态、职位、雇主、教育和兴趣的个人资料数据,可以选择不在脸书拥有的不同应用程序和第三方网站上共享他们的行为数据,也可以选择退出那些拥有他们联系方式的公司(如银行或手机提供商)上传到脸书的客户名单。这些退出选项可以从脸书的主设置页面和每个广告菜单中出现的"为什么我会看到这个?"链接中访问。这些功能使用起来很简单,激活它们不会降低可用的社交网络功能。如果用户需要更详细的信息,脸书甚至提供了可视化指南来解释其广告定位和隐私控制的工作原理。除了我们将在第五章和第八章中探讨的完全去除广告的匮乏之外,似乎没有更多可以做的了。

而且,只有少数的人不知道这些控制方式的存在。路透社2018年4月的一项调查发现,69%的脸书用户知道如何更改隐私设置,39%的用户最近更改过设置。如果你知道隐私设置,但没有做任何改变,那么不妨停下来思考一下原因。如果真正的答案是你不会被打扰,那么在精准推送广告中使用你的数据到底能让你多震惊呢?

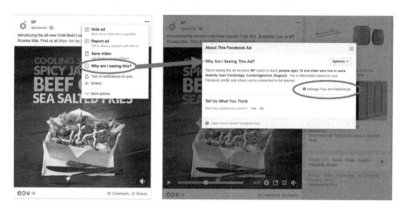

从广告到脸书广告偏好中心的导航

　　另一方面,如果你改变了你的隐私设置,可能会注意到脸书和照片墙的订阅源质量受到了影响。在上图如何导航到广告偏好中心的背后,是一则显然可以在我家附近的 BP 加油站*买到的"全新辣味牛肉薯条盒"的广告。这是从我自己的脸书订阅源中获取的,但我不吃肉也没有车,因而很难被它吸引。

　　脸书向我展示这则广告的原因表明,BP 希望触达在剑桥 18 岁以上的人,这是"广泛目标定位"的一个很好的例子。如果说微观定位广告是指定的和具体的,那么广泛目标定位广告则是通用的。为了吸引广泛的受众,它们倾向去寻找最低的共同点,而不太可能像我们在保贝美的广告中那样,围绕具体话题展开讨论糖尿病视网膜病变对获得旅行保险的挑战。当我的朋友吉姆(我在这

*　BP 是世界最大私营石油公司之一(即国际石油七姊妹之一),也是世界前十大私营企业集团之一。——译者注

本书的导论中提到过他)选择拒绝定位推送广告使用他 Gmail 账户中的数据时,他开始收到更多的发薪日贷款和约会应用程序的广告。吉姆和我可以通过选择退出使用数据驱动的定位来保护更多的个人隐私,但这也会给我们的互联网体验带来一些负面影响。

另一种减轻广告中使用数据带来的隐私风险的方法是诉诸法律。最近的立法措施,如欧盟《通用数据保护条例》(以下称 GDPR)要求公司在从消费者处收集行为数据之前必须获得同意。大多数行为数据依赖网页浏览缓存(cookie)技术,因此 GDPR 关于网页浏览缓存同意的要求导致你在访问新网站时出现了许多要求单击按钮或选中复选框的弹窗。这种方法的主要弊端在于干扰了个人浏览互联网的体验,而不管你对数据隐私的偏好如何,假如你在欧盟,就必须不停在你访问的每个网站上接受或拒绝网页浏览缓存。具有讽刺意味的是,这可能和过去糟糕的日子里无处不在的弹窗式广告一样令人恼火,只不过当时广告商依靠廉价手段而不是定位推送来吸引你的注意力。然而,当 GDPR 等法律实施后,我们再也无法自愿在隐私和便利之间作出权衡取舍。

数据是全新的养料

也许我已经能够说服你,监视资本主义理论关于定向锁定对隐私的影响的观点应当是过于简单了。但关于脸书窃取了你的数据并将其卖给广告商以获取巨额利润的说法又该如何解释呢? 即使广告的目标锁定没有那么糟,是否也肯定是不公正的呢? 让我们在监视资本主义理论的另一位支持者、音乐家兼企业家威廉（will.i.am）的帮助下探讨这个问题，他很好地抓住了这一论点的逻辑：

> 人们拥有和控制数据的能力应该被视为人类的核心财富。数据本身应该像财产一样被对待，用户的数据应该得到公平的补偿。作为一名音乐家，我受益于版权制度将所有权附加到我的歌词和器乐曲目，为什么我生成的数据却要以另一种方式来处理？毫无道理的是，这些信息作为原材料为"数据霸主"创造数十亿美元收入，但对我来说却没有任何财产价值[……]所有人能得到的只是一个充斥着广告、虚假新闻和蹩脚的"赞助内容"的"免费"账户。

对于威廉来说，数据是劳动的成果，就像"歌词和器乐曲目"是音乐家创造性劳动的成果一样。因此，数据是用户的财产，当它被脸书或谷歌这样的"数据霸主"用作"原材料"时，你正在被剥削——这些公司提供的服务回报不是公平的补偿。或者说，你的财产正在被盗窃。

威廉的论点有一个基本假设：你的数据是有经济价值的。如果假设成立，这就是为什么人们把数据叫做"新的石油"的原因。《经济学人》这本刊载威廉专栏文章的杂志在 2017 年的封面上将大型科技公司描述为海上石油钻井平台，称数据为"世界上最有价值的资源"。

但事实是：数据与石油完全不同。隐喻对于我们理解无形概念至关重要，因此有必要解释一下为什么石油这个特殊的隐喻没有抓住要点。第一，石油是稀缺的，开采难度大、成本高。相比之下，数据是过剩的，而且数据的产生非常容易，数量之大令人难以想象。

《经济学人》杂志 2017 年 5 月的封面

第二，石油一旦燃烧就会消失，而数据可以反复使用。第三，也是最重要的一点，石油是一种商品。它是同质的：一桶原油和其他任何一桶原油的价值一样。数据正好相反。大部分信息，包括可能对你影响深远的东西，比如你的性别观念或宗教信仰，在经济上毫无价值，因为它很少表达你作为消费者的偏好。其他一些信息，包括一些完全平淡无奇的事情，例如你在亚马逊商城购物车里放了四条牛仔裤还没结账，在某个特定的时刻对于少数组织体却有实实在在的价值。石油在一个以供求为基础的市场上进行交易,但你不会听到 BBC 经济学编辑报道数据的价格下降至 100 美元每字节之下,或者马克·扎克伯格宣布脸书将限制数据的生产,这是因为出售数据并不是脸书所从事的业务。如果你看过关于剑桥分析公司丑闻的奈飞(Netflix)纪录片《隐私大盗》,这可能看起来是一个令人惊奇的说法,但可以让我们深入了解脸书的商业模式,看看数据到底是如何运作的。

正如我们已经提到的,脸书向广告商出售广告空间,而不是你的数据。数据只是其基于广告的商业模式的众多组成部分之一,其他组成部分包括发布格式以及在新闻提要中显示和评论广告的虚拟画布,也包括"广告管理插件",这是一款使营销人员能够创建和管理脸书广告和活动的复杂软件。最重要的组成部分还包括脸书可以触达的 25 亿用户,他们平均每天看脸书自己的应用程序平均近一个小时。

正是所有这些组成部分的协同工作而非数据本身使得脸书广告如此有价值。在那个安静的下午,看着脸书的广告系统,让我兴奋的不是它接触糖尿病视网膜病变患者的能力——如果保贝美只需要接触这一个群体,我完全可以点击进入 Diabetes.co.uk 并在视网膜病变论坛版块发布一个广告帖,它可能会像脸书上的广告一样有效。但保贝美想将业务扩展至为患有克罗恩病、心绞痛或纤维肌痛等其他疾病的人购买旅行保险。甚至我们在宠物保险业务上也将大有可为,为像雷一样的德国牧羊犬的主人们,甚至哈巴狗、凤头鹦鹉和巨型雪纳瑞的主人们提供服务。我最激动的是能够通过一个软件,在熟悉的信息流广告的环境中与所有这些不同的社区即时交流。我不需要为每种疾病或狗的品种研究最流行的互联网论坛,与不同的网站管理员讨价还价,或者拼凑多种格式的意象来满足不同网站的要求。从保贝美的狭小办公室的办公桌出发,我仿佛可以在几分钟内触达任何人。

因此,数据在这样的情形下便获得了价值。有一种说法是,你可以通过将脸书的广告收入除以用户数量来计算脸书"欠"你的数据价值。根据脸书 2018 年的财务业绩,这一计算结果为人均略低于 25 美元每年。但这大大夸大了脸书用户的平均数据价值,因为它没有认识到开发软件和应用程序对脸书收入的重要性,这些软件和应用程序已经成为数十亿人日常生活的一部分。

与其说数据是石油,农家肥或许是一个更好比喻。像大多数数据一样,农家肥是生活中一种普通的副产品,有些企业已经建立了大规模收集农家肥的物流系统,并将其加工成有用的东西:农作物的肥料。

让我们想象一个专门种植黑眼豌豆的企业。它把肥料撒在地上,植物茁壮成长,最后收获豆荚,然后豌豆被采摘、分类、罐装和运输。如果你碰巧住在农场附近,你们家肯定贡献了少量的有机肥料。你看到当地超市货架上的豌豆并想到了一个能尝试的菜谱,于是你买了几个罐头。现在,让我们想一下,如果威廉想表明的是,当在你坐下来享用你的黑眼豌豆莎莎酱、一些玉米饼薯条和一杯冰啤酒时,你通过工作产出了那些成为豌豆肥料的一部分,于是这一部分肥料是你的财产,你应该得到农业企业收入的一部分作为补偿。我想,他想必很难成功说服你。很明显,肥料只是全部流程的一小部分,其经济价值取决于农业企业所做的其他每一件事情。因此,除了不能接受威廉的这个理论外,你可以享受莎莎酱并和讨论任何其他事情。

注 释 _____

1. 参议员奥林·哈奇和马克·扎克伯格的对话引用自 *Washington Post*，"Mark Zuckerberg's Senate hearing"，*Zuckerberg Transcripts*，998，2018。

2. 克里斯的创业公司（可惜现在已经倒闭了）叫作 Executips。

3. 史蒂夫·约翰斯顿和利亚姆·麦基的大搜索数据分析公司启明星的前身是 Taxonomics，参见 https://www.kaiasm.com/。

4. 脸书定制受众功能可以在以下网站访问：https://www.facebook.com/business/insights/tools/audience-insights。

你不是产品

1. 约翰·诺顿的《关于技术的 95 个论点》，参见 https://95theses.co.uk/。

2. 尼尔·弗格森的著作为 Ferguson, N., *The Square and the Tower*：*History's Hidden Networks*，Allen Lane, London, 2017, p.356。

3. 泽内普·图克费奇的 TED 演讲名为"We're Building a Dystopia Just to Make People Click on Ads"，载 https://www.ted.com/talks/zeynep_tufekci_we_re_building_a_dystopia_just_to_make_people_click_on_ads，该论点出现在 22 分 10 秒。

4. 关于"你是产品"概念中缺陷的较长讨论，见 Oremus, W., "Are You Really the Product? The History of a Dangerous Idea"，*Slate*，27 April 2018。

5. 路透社关于社交媒体使用情况的跟踪调查（2018 年），载于 http://fingfx.thomsonreuters.com/gfx/rngs/FACEBOOK-PRIVACY-POLL/010062SJ4QF/2018%20Reuters%20Tracking%20-%20Social%20Media%20Usage%205%203%202018.pdf。

数据是全新的养料

1. 威廉的这句话出自"We Need to Own Our Data as a Human Right—and Be Compensated for It"，*The Economist*，21 January 2019。

2. "The World's Most Valuable Resource Is not Oil, but Data' was a leader"是 2017 年 5 月 6 日的《经济学人》杂志的一篇头版文章。封面图片由大卫·帕金斯拍摄。

3. 脸书用户数量的数据来自该公司的季度收益报告，可通过其投资者关系门户网站查看：https:// investor.fb.com/home/default.aspx。

4. 关于脸书用户平均每天使用应用程序的统计数字来自 Meeker. M., "Internet Trends 2017"，https://www.kleinerperkins.com/perspectives/internet-trends-report-2017, p.114。

5. 关于脸书平均用户收益的计算，参见第五章。

智力游戏

2

我第一次访问脸书都柏林国际总部的经历是有点糟糕的。那是 2016 年 2 月,保贝美已经运营了大约三年半的时间,有了 16 名员工,其中 7 名在我的营销团队。我说服了我在益百利认识的海伦(Hellen)辞去她在无偿赠(Just Giving)网站的工作,来保贝美领导客户收购,她又聘请了谷歌广告专家戈登(Gordon)和曾在脸书广告部门培训的机智的应届生莱斯(Lyes)。在大约 18 个月的时间里,海伦和莱斯一直徒劳地努力说服脸书为我们指派一名客户经理,这样我们就可以与指定的人交流我们各类活动的想法和问题,同时也提高了他们的绩效。突然某天,我接到了一个像是爱尔兰号码的电话,"萨姆"一个东海岸口音的声音慢吞吞地说:"我叫肖恩·马洛尼(Sean Maloney),是你忠诚的脸书客户经理。"肖恩打电话来是想邀请我们参加在都柏林举办的一个研讨会,会议还包括一群其他初创公司和脸书不同团队的成员。但当他通过电子邮件跟进时,却通知我们已经被调换到另一个叫乔(Joe)的客户经理那里。尽管感到奇怪,但终于能接触脸书内部成员的激动心情让我忘了关注客户经理的更换。

我还有一项紧迫的任务,就是说服史蒂文让整个收购团队都去都柏林。在那时,已有超过 10 万人成为保贝美团队的会员,将这些会员介绍给保险公司所带来的收入也在迅速增长。但我们离实现盈利还有很长的路要走,新一轮融资也迫在眉睫,换句话说,我们的资金仍然非常紧张。史蒂文认为应该派我们中的一个人去参加,回来再汇报他所学到的知识,而我的想法则更深远:这是一个重要的机会,能让我们与脸书开始建立真正的合作,解答我们对脸书变幻莫测的算法方式的疑惑,并在这个过程中与团队建立联系。通过计算,我发现如果我们搭乘瑞安航空的红眼航班并在一家便宜的酒店住宿,四个人只需要花不到 500 英镑。我向史蒂文指出,我们只需要稍稍提高我们在脸书活动的点击率就能收回成本,因此他让步了。

但到了盖特威克(Gatwick),糟糕的事情接连发生。当我们 6 点在机场候机楼吃早餐时,发现我们的航班延误了三个小时,这意味着我们无法及时赶到脸书的办公室参加上午 11 点的会议。更糟糕的是,我们联系不到乔;不知道为什么,我没有乔的手机号码,他也没有回复莱斯发给他的电子邮件。我开始幻想在脸书的办公室门口被拒之门外,然后被踢出他们的账户管理计划。当我们终于到达都柏林并冲进一辆出租车时,司机却警告我们说行驶会非常缓慢:一个著名的帮派成员正在举行葬礼,路上会有交通限制措施和高级安保措施。

终于,出租车把我们送到都柏林码头区的普通办公楼前。我曾经听说过加利福尼亚丘珀蒂诺苹果广场(Apple Park in Cupertino)的壮丽景象,在电影《实习生》中看到过谷歌总部(Googleplex)的妙趣横生,也在书中感受过旧金山湾区"田园牧歌"式的脸书园区。相比之下,眼前的建筑对我来说有点平淡无奇。尽管迟到了一个半小时,我们还是到达了那里,走上混凝土台阶,穿过旋转门进入中庭。当接待员试图联系乔的时候,我环顾四周,看到只有软沙发,通往电梯通道的安全闸机,为湿雨伞分发遮盖的自动装置。一两个戴着工牌的人站在周围聊天,夹楼层的海报上赫然写着标语——"行动本身由于追求完美""大胆前进""如果你不害怕,你会怎么做?"以及现在声名狼藉的"快速行动,打破现状"——除此之外没有什么特征能让你意识到你正站在世界上最具创新精神的公司之一的国际总部门前。不考虑海报上的文字,我们可能像在参观保贝美的一个保险公司客户。

终于,一个面颊红润、身穿连帽衫的年轻人走过来问:"你们是保贝美吗?"他就是乔。我向我的团队成员们介绍了乔,解释了我们的职务以及每个人希望从研讨会上收获什么,同时尽可能多地强调"购买"这个词。我为我们的迟到道歉,并衷心希望能够弥补我们错过的进度。"哦,"乔说,"实际上,我们还没有开始开会。其他一些人也迟到了,所以我们把日程修改成先参观一下,午饭后再做演讲。现在麻烦能不能给我讲讲,保贝美到底是干什么的?"

当我们和参观团的其他成员汇合后,我问乔他在脸书工作了多长时间,以及他之前的工作。他解释说,他毕业后搬到爱尔兰,为一家小型数字广告公司工作,一年后他在都柏林的一家更大的机构找到了一份工作,然后脸书找到了他。这是他第一次担任客户经理,才刚刚上任几个月。"那么你要负责多少客户呢?"我问他，他回答道："额，大概 75 个或 80 个？老实说，我也数不清了！"

在益百利，像大多数 B2B 公司一样，我们会雇用很多客户经理。作为益百利的客户，只要你每年在我们的产品上花费上万英镑就会拥有一个客户经理。虽然他的职业生涯可能刚刚起步，但对于益百利的产品种类有充分的了解，他会就客户的业务提出足够多的问题，以此表明益百利希望能够帮助客户取得成功。当你的发票没开对或无法登录益百利系统时，他会立即帮您解决问题。如果你每年花费数十万英镑，就会有一个高级客户经理为你服务。他会带你出去吃午饭，邀请你参加酒会，并为你提供优先体验新产品的机会，甚至会主动为你进行产品分析以发现商业机会。如果你每年花费数百万英镑，你会被安排一位"战略客户总监"，他会带区域首席执行官或其他知名人士与你会面，齐心协力确保你得到所需的一切，让你真实地认识到自己生意的价值。

然而，脸书并没有这样做。在我们访问都柏林的时候，保贝美每年在脸书广告上花费近 50 万英镑，但却只能占据乔百分之一的时间。几周后，当我们的财务经理因病休假导致费用清单支付滞后时，我们在脸书广告平台的访问立即被停止了。脸书账户经理不允许透露他的手机号码，因此我们没法马上联系上乔。当乔终于回复莱斯的电子邮件时，他告诉我们，不管我们过去花了多少钱，或者以前及时支付了多少次，都无法改变这一次我们延期支付、账户欠款的事实。因此，我们的业务被迫停滞，经过 11 天漫长的等待之后，脸书的应付账款部门才确认收到我们迟来的付款。

怎样才能解释这种对正常账户管理实践的忽视？我认为这是因为对于脸书的销售和客户管理部门来说，收入增加是毫不费力的。他们可以在大数据的浪潮里自由翱翔,享受着因为异乎寻常的用户增加以及因此而从其他渠道转移来的广告预算。与此同时,他们还受益于脸书的产品经理和开发人员创造的前所未有的用户友好性和可访问性的自助广告商工具。他们的工作是如此简单,不需要准确把握商机也能获得大量收益。不幸的是,这并没有为客户管理功能的合理资源配置创造条件,也没有为向客户提供良好服务的文化创造条件。

我丝毫不享受这次旅行。我们到了一个陈列着餐巾纸分配器、一桶桶小袋番茄酱和一个阴阳怪气地指示排队方向的指示牌的巨大自助餐厅,从这儿再上一层,是一个开放式的办公区,那里带给我们一种熟悉的沮丧感:纵横的条灯和管道下,灰色地毯之上,是一排排长条的办公桌;办公椅的椅背上挂着外套,底座旁放着帆布背包,垃圾桶里还扔着几瓶空咖啡和洗手液;笔记本电脑扩展坞上贴着电子安全测试标签,插着长长的网线;A4 打印纸堆放在角落里,旁边是一堆无人照看的室内植物,旧传单和小册子从纸板箱中溢出,白板茫然地立在窗户前和混凝土柱旁,尽数放下的遮光帘挡住了直射电脑主屏的阳光;会议室的名称都很古怪,如"特德和道格"和"沙拉量子学",这一切都反衬出脸书国际业务的总部中心是多么普通。

我的情绪并没有因为研讨会终于开始而改善。一对比乔更年轻、经验更少的脸书客户经理开始演讲,解释了衡量在线广告效果的完全属于基础性的知识,在无聊的演讲中,我放弃了得到新闻反馈算法内幕的想法。一个来自脸书创意团队的老哥从伦敦打来Skype 电话,在他离开会议室之前,一直在疯狂鼓励我们在高知名度的视频广告上提高预算。直到这一刻,我才清楚地意识到我们不会在这里学习到任何知识和想法。脸书无法教给我们任何东西,他们的广告也没有什么海伦和莱斯不了解的重要信息。就像《绿野仙踪》中的角色一样,我们走到幕后却没有发现任何魔法,一时间我不知道当我们回到伦敦之后该如何向史蒂文解释这些事。

然后意想不到的事情发生了。一个穿着黑色牛仔裤和挺拔白色牛津衬衫的年轻人走上了台。乔介绍他叫克里斯蒂安·拉森(Kristian Larsen),是专业的脸书广告机构 PL & Partners 的联合创始人,并表示他将演示一个客户案例研究。克里斯蒂安以一种我认为是典型的丹麦人的谦逊和干巴巴的幽默描述了他帮助一家 T 恤店利用脸书广告发展在线业务的方法,在预算不足的情况下,他利用“重新定位”开始发展业务——向那些已经访问过 T 恤网站但没有购买任何东西就离开的人展示脸书广告。他利用脸书名为“定制受众”(Custom Audiences)的广告功能,向人们展示了他们看过的 T 恤衫的不同图片。与此同时,通过一种被市场营销人员称为“优化”(optimisation)的流程,他反复测试了广告的其他构成要素——标题、信息、公司标志的位置以及按钮上的文字是不是“阅读更多”(Læs mere)或“立即购买”(Køb nu),以此来保证业务的持续进步。他讲道,系统一旦确定从商店现有的顾客中能够获得的已经达到上限,公司就会将注意力转向吸引新顾客。他创建了一份过去在 T 恤衫上花费最多的顾客的电子邮件地址列表,并将其上传到脸书,凭借脸书“相似用户画像”(Lookalike Audiences)功能,公司能锁定那些所有个人画像数据和行为数据都表明他们与该店最有价值的现有客户相似的、数量更庞大的群体。

这样做的结果令人印象深刻：在短短四个月内，该店的网站流量几乎翻了一番，销售额增长了57%，回报率是投资脸书广告的10倍。更让我印象深刻的是克里斯蒂安所描述的结构化、数据驱动和可重复的方法；我从未听过脸书如此清晰地阐述如何使用其工具。研讨会结束后，我特意去找他，向他和他的合作伙伴马兹(Mads)介绍我自己。我们约定下次我再到丹麦时去他们的办公室详谈。

这意外的谈话又鼓舞了我们，海伦、戈登、莱斯和我越过利菲河，入住酒店。我们和酒店前台开了一会儿友好的玩笑，因为他注意到我们开了三个房间而非四个，并推测谁将与谁共享一间房。放下包，我们出去找了点吃的，又喝了一品脱吉尼斯。与此同时，那个前台正利用我公司卡的信息从阿高斯(Argos)*网站订购价值1 500英镑的花园家具，我们对此毫不知情。

心理操纵？

在转述克里斯蒂安的演讲时，我谈道了脸书营销人员掌握的最重要的技术：优化、定制受众和相似受众。监视资本主义理论认为，这些技术相当于心理操纵，这是对数据的另一个强有力的指控。操纵不同于诱导、鼓励或说服等合法的影响方式，它是与接受

方的利益相冲突的。如果脸书的广告是操纵性的,那就意味着它们已经强大到让人们做了本来不会做的事情。但我认为监视资本主义理论是完全错误的,并且媒体对剑桥分析公司丑闻的报道部分引发了这种认知错误。

"吹哨人"克里斯托弗·怀利(Christopher Wylie)2014年在剑桥分析公司当了九个月的兼职承包商,据透露,该公司曾向一批脸书用户推广个性测验。人们对测验问题的回答使剑桥分析公司建立了一个"心理分析"模型,旨在根据脸书用户的个人资料预测其个性。在这种背景下,"个性"是根据五大人格理论测试(OCEAN测试)定义的开放性、尽责性、外向性、宜人性和神经质来对个体进行判断的。通过随后从数千万脸书用户处获得的个人画像数据,剑桥分析公司能够将其模型的预测应用到更广泛的人群中。然后,根据这些人的性格类型,向这些人定向推送不同的政治广告。例如,高度神经质的美国脸书用户看到的广告更多是强调移民对国家安全构成的风险,而高度开放的用户看到的广告则是强调移民对经济的贡献。第四频道新闻对剑桥分析公司的首席执行官亚历山大·尼克斯(Alexander Nix)和董事总经理马克·特恩布尔(Mark Turnbull)等高级员工进行了秘密拍摄,获得的信息似乎证实了怀利声称剑桥分析公司曾代表其政治客户使用脸书作为"心理战工具"的说法。

监视资本主义理论的大多数支持者看待这些主张的视角都浮于表面,但其实有两个很好的理由可以对监视资本主义理论表示怀疑。第一是数字广告市场结构所产生的激励。像脸书这样的数字广告空间的所有者是市场的供应方,他们有动力向客户宣传他们产品(广告空间)的价值,他们的目标通常是说服广告商,并让其为能让大部分目标受众看到广告而支付额外的费用。与此同时,广告市场充满了中介机构,包括 PL & Partners 等机构和所谓的"广告科技"公司——这些公司利用软件和数据提高媒体所有者或广告商的回报。代理广告空间销售商、媒体销售机构和供给侧的广告科技公司被激励去夸大广告空间的价值;而广告商、媒体购买机构和需求侧的广告技术公司被激励去认为自己通过购买优质广告空间实际获得了大量收益,这样才能证明供给侧公司收取的佣金或软件许可费是合理的。

所有关于脸书数据的力量、目标锁定的精确性和其平台上活动的有效性的主张都应在上述背景下去理解。剑桥分析公司向政治广告商提供脸书媒体购买和技术的混合服务,因而与其他需求侧的中介机构一样,它有强烈的动机去宣传脸书广告空间的价值及其利用能力。简言之,怀利、尼克斯和特恩布尔阐述的销售信息并不是剑桥分析公司能力或能力有效性的可靠证明。创建该心理分析模型的数据科学家亚历山大·科根(Aleksandr Kogan)认为,该模型仅在 1% 的案例中正确预测了五大人格特征。然而,剑桥分析公司并不在乎模型"毫无效果",因为他们的客户——2016 年的特德·克鲁兹(Ted Cruz)总统竞选团队愿意继续为此买单。虽然该模型在预测个性特征方面做得很好,但是没有证据表明使用心理统计学技术定向推送脸书广告会比传统形式的定向推送更有效。与 20 世纪 50 年代的潜意识电视广告一样,营销技巧看起来令人不寒而栗,但并不意味着它们有效。从我自己作为一名营销人员的经验来看,与克里斯蒂安帮助客户销售更多 T 恤衫的方法相比,心理学定位只能把一个简单的问题更加复杂化且没有任何作用。

第二个对剑桥分析公司的说法持怀疑态度的原因是,他们将不同的技巧和技术混为一谈。你可能听说过脸书和其他科技公司不断修改应用程序的用户界面,以"推动"你进行特定操作的行为,这是真实的:正如克里斯蒂安通过微调 T 恤广告以最大限度地增加点击量一样,脸书不断测试新点子以找出哪些设计能鼓励最多的人点击飞书信(Messenger)通知或在照片墙帖子上添加更多的标签,这就是前面营销人员口中的"优化"技术。它靠高度数据驱动,但与监视资本主义理论所认为的观点相反,驱动所涉及的数据不是个人画像数据,而是聚合的行为数据。如果人们的私密心理特征被用来驱动他们自己,用户有充分的理由生气,但"优化"的工作原理却不是这样的。恰恰相反,"优化"工作往往大规模地开展,用户之间并不存在差异。争论"优化"是否基于个人心理脆弱性去操纵人们是没有意义的,因为"优化"关注的根本不是某个人。

一些广为人知的例子表明,"优化"在政治中发挥了作用。多米尼克·卡明斯(Dominic Cummings)写道,在英国脱欧公投期间,游说组织"支持脱欧"(Vote Leave)运营了许多不同版本的广告进行测试,在不断重复测试的过程中放弃效果较差的广告,并强化最有效的广告。对于一些监视资本主义理论的支持者来说,卡明斯的证词足以让"优化"被视为不合法的。然而,从本质上而言,卡明斯所描述的方法与 2012 年奥巴马总统竞选所使用的方法是一致的,奥巴马的团队发现,与在一张奥巴马本人的照片加上标有"注册"的按钮相比,如果在一张奥巴马与妻儿的合影旁加上"了解更多"的按钮,能够让捐赠登记人数增加40%。在都柏林与克里斯蒂安会面三年后,我在进行脸书相关的学术研究时采访了他,他将卡明斯关于"支持脱欧"的脸书广告策略描述为"数字营销101"。与脸书内部一样,这一幕背后也没有什么魔法。

在我看来,有时候监视资本主义理论并没有充分理解定制受众的过程——脸书的这一功能使广告商用广告瞄准现有客户。要使用它,广告商需要上传载有客户电子邮件、地址、手机号码或脸书账号的一系列表格。脸书将该列表与其数据库进行比较,并仅向在两个列表中同时出现的人显示广告。监视资本主义理论的支持者认为,这意味着有了正确的数据,就可以轻易用个性化信息锁定用户。但事实上并非如此:一次最小规模的定制受众也得包含100人,你不能向一个更小的群体展示一个特定的广告。

还有部分的困惑源于语言。受到软件公司的产品越来越容易进行优化并能得出稳健结果的鼓励,营销人员现在通常将他们的测试称为"实验"。这样做的额外好处是能提醒自己的同事,营销不再是情绪板*和酩酊午餐:它是理性、定量的学科。不幸的是,这也使得监视资本主义理论的支持者认为,脸书用户在不知情或拒绝的情况下不断被"实验"。例如,脸书在2012年进行了一项在道德层面可疑的"实验",内容是观察人们在社交媒体上接触到的词语是否会影响他们的情绪状态,人们将这个实验和克里斯蒂安在演讲中描述的普通优化"实验"混为一谈。另一个例子是"隐藏帖子"(dark post)一词的复兴。在脸书广告系统很初级原始的早

---

* 情绪板(Mood Board),通常是指一系列图像、文字、样品的拼贴,是设计领域常用的表达设计定义与方向的视觉做法,可以用于梳理营销策略。——译者注

期,最简单的广告方式就是付费去"宣传"你已经发布在公司脸书页面上的东西。"隐藏帖子"指的是为推销目的而创建的你不想永久出现在你页面上的新帖子,换句话说,"隐藏帖子"就是"广告"的同义词。不过随着脸书广告管理器愈加复杂,人们可以运行的广告种类成倍增加,这个词就失去了它的意义和价值。然而,脸书的批评者们现在又重新提出了这一观点,因为它暗示了脸书广告中固有的隐蔽战术和邪恶意图。

我们不应该相信脸书的广告像卖家所声称的那样具有说服力,但营销人员为提高广告有效性而使用的优化技术也并不像监视资本主义理论所暗示的那样邪恶。剑桥分析公司丑闻中出现的反乌托邦叙事,根本得不到数字广告运营实践中一般事实现状的支持。

益百利博物馆中的相似受众

如果脸书广告中有魔法,那只能是因为相似受众功能。解释它的作用相当简单:它使广告商能够精确瞄准与现有客户特征相似的潜在客户。与定制受众一样,广告商将其现有客户的名单上传到脸书,但这一次脸书向新受众展示了根据其个人画像数据和行为数据分析出的相似的广告。当广告商使用相似受众时,他们不会像我在糖尿病旅行保险活动中所做的那样,自行决定目标锁定标准。相反,定位决定是由脸书的机器学习算法作出的。解释相似受众算法是如何工作的以及它为什么如此强大是一件非常复杂的事。

我之前的描述可能给读者留下"在都柏林访问脸书的唯一好

处就是认识克里斯蒂安和马兹"的印象,但事实并非如此。脸书办公楼的顶层有一个公司博物馆,里面放置了脸书所有最具技术雄心的项目,如 Oculus Rift 的 VR 头盔和阿奎拉(Aquila)无人机(一个向发展中国家偏远地区发射 Wi-Fi 的模型)。其中还展示了脸书作为广告商的成功副产品,包括摩托车头盔、带有煤焦过滤器的可折叠水瓶、豪华素食巧克力、鞋底可拆卸的拖鞋、香味蜡烛订阅盒、定制彩绘蛋糕架,等等。博物馆中的展品强调了一个事实,即脸书的广告可以使大量的以前不可能存在的在线业务成为可能。通过帮助制造商和发明家直接面向公众推销他们的产品,脸书为小企业主和大型零售集团提供了公平的竞争环境,增加了消费者的选择,并鼓励了创新。对此,为了推进我的学术研究,我采访了一位风险投资者,她认为,如果不是企业家们开始逐步接触脸书广告,以伦敦"硅谷环岛"(Silicon Roundabout)为中心的英国初创企业的爆炸式增长是不可能发生的。相似受众在其中起着关键作用:如果你想扩大蛋糕架生意,不再需要经营高昂的焦点小组或调查以了解什么样的人在买你的蛋糕架,然后围绕他们看的电视节目或读的报纸设计营销活动。相反,你可以将现有客户的电子邮件地址上传到脸书,让相似受众算法神奇地向潜在的对的客户展示你的蛋糕架。

相似受众的原理并不新鲜。事实上,它是在 20 世纪 80 年代由像我曾经工作过的益百利这样的数据公司发明的。如果益百利有一个公司博物馆,一个简陋的、基本上被遗忘的物品将是其中最值得陈列的:凯斯(Kays)邮购目录。翻开它,你可以浏览卡西欧数字手表、内置时钟收音机的咖啡机、太空超人系列手办、伊卡露足浴球和无数其他复古物品。邮购目录里配有一张订单和一张免费邮寄的信封，你可以在上面填上你喜欢商品的字母数字代码然后寄出去。

　　凯斯目录一般一千多页长，彩色印刷，制作和邮寄都很昂贵。因此，邮购公司需要有选择性地发送商品目录以保持盈利。被邮寄目录的人有一个明显的群体特征：从以前的商品目录版本中购买过物品的人。然而，如果想发展邮购业务，你不能仅仅依靠现有客户，还需要寻找新的客户。但是你怎么知道哪一个是潜在客户，然后把目录寄给他呢？答案是一种称为区域人口统计（geodemographics）的技术。

80 年代邮购目录中索尼随身听的替代品

区域人口统计的原理基于一句古老的谚语"物以类聚，人以群分"。换句话说，你的邮政编码可以预测你是什么样的人，或者至少可以预测你会买什么样的东西。例如，如果你住在郊区没有公共交通的小别墅中，同住在市中心爱德华式露台改造的工作室平层中的人相比，你更可能对儿童汽车座椅感兴趣。

为了帮助访客在实践中理解区域人口统计，我想象中的益百利博物馆应该有一个虚拟现实装置。你戴上头盔，发现自己回到了1989年，正通过凯斯邮购目录数据库营销经理的眼睛看世界。你瞥到了自己的倒影：穿着一件水洗牛仔夹克，头发过分地茂盛，嘴里的哈巴布巴口香糖散发出恶心的甜味，你正在琢磨如何实现老板为你设定的增加来自新客户的电子产品订单目标。透过客户数据库，你了解了哪些是过去高保真系统、VHS录像机和盒式磁带播放机订单集中度最高的邮政编码。通过将现有客户数据库与选民名册中的数据进行比较，你将能够向过去两年中未收到过邮购目录的地址发送目录册。这是一个好的开始，但光靠它远远不能实现目标。于是，你走到一个方形阿姆斯特拉德（Amstrad）计算机的显示器前。屏幕顶部显示"马赛克系统"，下面是"输入邮政编码"指令和一个闪烁着光标的命令栏。你选择了一个在过去电子产品订单中占有较高份额的邮政编码，然后敲击回车键。过了一会儿，电脑给出了结果："与MK45 1SN最相似的五个邮政编码是：SO40 3QN、BH16 5HQ、WA5 2NB、NG10 3JB、NR33 7BT。"于是你知道了国内其他最有可能在收到目录后订购彩电或微波炉的邮编地址。更重要的是，你不需要浪费钱把商品目录寄到其他地方。

"马赛克"是益百利区域人口统计分类系统的名称。其他数据公司也有类似的系统并以同样的方式工作：从选民名册上数百万个姓名和地址的表格出发，它们将数据点添加到尽可能多的行中，构建每个邮政编码中居民类型的详细图片。这些数据可能来自人口普查等公开信息，也可能来自大规模消费者调查，还可能是从第三方公司购买的（前提是他们首先获得那些与他们分享数据的人的同意）。数据包括很广义的内容，从家庭成员的年龄和收入，到是否养宠物，以及是否倾向房车而非酒店住宿等。需要注意的是，并不必然要为表中的每一行都提供数据，更重要的是每个邮政编码都有足够的数据点来绘制准确的图片。一旦完成数据收集，就可以将它们与共享类似数据特征的其他对象分组。为了让分组更直观、更容易记忆，益百利"马赛克"给它们都起了名字：2013 年我在伦敦时，从绿叶茂盛的德威治（Dulwich）搬到前卫的哈克尼（Hackney），我从"市中心精英"变成了"灵活的劳动力"，从一个和爱丁堡的莫宁赛德（Morningside）这些"在交通便利的近郊拥有优雅住宅、享受舒适城市生活的高地位家庭"分在一组的地方，搬到了类似曼彻斯特的柴郡东（Chorlton）这样充斥着"随时准备因跳到工资更高的服务业工作而搬家的成功的年轻租房者们"的地方。与此同时，最有可能售出 20 世纪 80 年代电子产品的邮政编码是"郊区稳定性"分组（即"居住在中档住宅中的成熟郊区业主"）。

在益百利博物馆的下一个房间里，你会看到一个介绍展板，上面解释自 20 世纪 80 年代以来，区域人口统计分类的实际应用已远远超出邮购目录本身。通过添加驾驶时间数据，"马赛克"能够向益百利客户（如格林王＊和VUE电影院）展示他们应该在哪里开新的酒吧和影院。正是"马赛克"的区域人口统计分析将"高速路人"——居住在M1和M6高速路走廊上的销售员——确定为2010年英国大选的关键摇摆选民。

你可能已经注意到，益百利"马赛克"系统与我使用脸书受众分析工具来确定对糖尿病并发症感兴趣的人的方式十分类似。正如区域人口统计定位是通过对邮政编码数据进行推断一样，脸书的目标定位也是从个人画像数据和行为数据中推断出的。就像区域人口统计定位了更有可能购买儿童汽车座椅的人群一样，到目前为止我们讨论过的脸书目标定位的例子有常识性的解释：你点赞了糖尿病慈善机构的脸书页面，就会在你的脸书订阅中看到一则糖尿病旅行保险的广告；你把一件黑色V领T恤加入购物车，那么关于它的广告就会进入你的照片墙。相似受众分析则更进一步：它为大数据时代升级了区域人口统计。机器学习在数百万点的个人画像数据、行为数据和元数据（关于数据的数据）中发现了人类分析师永远无法发现的模式。有了这些，它可以创建一个比"马赛克"或以前的任何技术都更精细的分类系统。

把相似受众称为"魔法"或"数据科学"是个人选择的问题，但把它称之为"黑魔法"真的公平吗？监视资本主义理论当然很赞同这么叫，它所指的是相似受众在选举中的使用方式，其中最著名的是唐纳德·特朗普在2016年的竞选活动中压制了支持希拉里·克林顿的团体投票率。通过使用相似受众功能在脸书上对特定目

＊　格林王是英国具控制地位的酿酒厂及英式酒馆营运商。——译者注

标投放广告，年轻女性的注意力被吸引到针对作为希拉里丈夫的性骚扰指控上，而另一群包含大量的非裔美国男性的用户则被提醒注意 20 年前希拉里对"超级捕食者"*的评论。创建该工具的脸书技术专家是否要为这种自私地、令人不快地使用相似受众工具的行为负责？政党中的数字营销人员是否也要为找到了脸书没有设想过的使用相似受众功能的这一方法分担一定程度的责任？我没办法得出准确的结论，但不论好坏，我们需要接受诽谤战术确实是竞选活动的一部分。在这个例子中，相似受众功能只是一种传递机制而非问题出现的根本原因。

但脸书需要寻求解决方案，以防止政治竞选活动中恶意使用脸书广告的行为。相似受众功能不仅为 T 恤店高效地寻找到了新顾客，也是边缘政党招募新支持者的一种极其有效的方式。以德国右翼民粹主义的德国另类选择党（AfD）为例，该党提倡民族主义和征兵制，同时反对移民、女权主义、可再生能源投资和同性恋夫妇的平等权利。它在 2017 年联邦选举的竞选活动中使用了相似受众功能，并在成立四年后赢得了 91 个德国议会席位。相似受众功能让德国另类选择党在脸书上聚集了一批追随者，其人数是德国主要政党基督教民主联盟（Christian Democratic Union）和社会民主党（Social Democratic Party）的两倍多。此外，在 2019 年欧洲选举期间，通过一个同情德国另类选择党派政策的个人所管理的脸书群组和页面，德国另类选择党的脸书广告被系统性放大了。

---

* 希拉里曾将黑人称之为"超级捕食者"。——译者注

受能力所限，我无法去评论德国另类选择党这样的政党是否合法，但我确实认为，相似受众功能让政治舞台上的新秀以及持非主流观点和政策的人更加容易找到支持者。脸书对于相似受众这类的广告商工具几乎没有进行任何访问限制。这意味着任何人都可以在选举中施加影响，人们无须成为政党的竞选团队成员或者某党派的候选人，只需要一个脸书页面和一张信用卡就可以。德国另类选择党的一位支持者强化了该党在欧洲的选举广告，但如果另一个民权活动家想通过脸书广告批判德国另类选择党在"传统性别角色"上的立场，也没有什么可以阻止他这样做。之后，脸书为了实现公平，推出了"广告授权"的程序，在越来越多国家规定除非你住在那里，否则不能在脸书上发布关于选举、社会问题或政治的广告。这至少降低了海外干预国内政治的风险，但是并不能解决脸书政治广告的进入壁垒过低这一切实的问题。

此外，另一个重要问题是脸书不愿意为广告内容的真实性承担责任。马克·扎克伯格的理由（我们将在第七章探讨）源自他对维护言论自由的承诺。这可能代表着除非这些帖子或评论违反法律，否则脸书将不会采取行动删除任何关于政治的普通帖子或评论。但很长一段时间以来，我认为将这种逻辑延伸到广告上是荒谬的。在英国，在监管机构（如广告标准管理局）制定的规则和直销协会等机构制定的规范管理下，电视、报纸和邮件等途径上的广告被要求必须保持诚实。因此，独立电视台*允许一个广告商提出未经证实的主张并以言论自由作为自己抗辩事由，听起来非常

---

* 独立电视台（Independent Television，简称ITV）是英国第二大无线电视经营商。——译者注

荒唐。在同样的情况下，如果一家邮递公司发送数万份虚假传单还能有正当理由抗辩，显然也是不可想象的。那么，脸书为什么被许可这样做呢？

2010 年，美国最高法院根据《宪法第一修正案》对言论自由的保护，裁定限制独立组织政治广告的法律违宪。作为一家美国公司，脸书也需要这样来看待政治广告。它的默认设置是允许任何人在脸书的政治广告中说任何他们喜欢的话，即使在德国、英国和其他美国宪法不适用的国家也是如此。

脸书也几乎没有核查过使用相似受众功能的广告商是否有权使用他们上传的数据，广告商只需勾选一个框来确认他们使用的数据符合适用的法律和法规即可。实际上，不择手段的广告商会使用他们能得到的任何数据。截至 2019 年 5 月 21 日的七天内，在将我的数据上传到脸书的 88 位广告商中，有 69 位没有得到我的许可，其中大多数是我从未生活过的美国的汽车经销商。这个具体例子的后果并不严重，我顶多会看到更多与我的生活无关的广告，但重点是它论证了脸书控制相似受众功能的不足。

图形接口(The Graph API)

关于剑桥分析丑闻还有最后一个我们没有涉及的方面，即用于建立心理刻画模型的数据最初是如何获得的。许多媒体报道误导性地称之为"数据泄露"，但泄漏是指数据最终落入无权访问它的人手中。当黑客攻击一家公司的计算机系统时，或者当一名员工将笔记本电脑留在酒吧时,这种情况可能会发生。相比之下,创建剑桥分析公司声名狼藉的模型的数据科学家亚历山大·科根(Aleksandr Kogan)获得了脸书的许可,可以通过其图形接口访问脸书用户的数据,该图形接口是第三方开发者内置在系统中的通道。当时,脸书正积极鼓励公司的外部开发者以这种方式收集大量用户数据。让剑桥分析公司获得数据并不是一个失误,而是脸书公司的政策。

脸书为什么要这么做?讽刺的是,这可以追溯到马克·扎克伯格个人对广告的厌恶。像许多软件工程师一样,扎克伯格并不喜欢广告。在一个他留在哈佛大学而不是辍学去创建脸书的平行世界里,他很可能成为我在第一章提到的广告拒绝者的一员,在旅游保险广告下方评论各种粗鲁的表情包。他从未想过要运营广告业务,他想要搭建的是一个平台。

平台不是通过销售广告空间来赚钱,而是通过在大量促成第三方交易中发挥作用并收取小额佣金来盈利,爱彼迎(Airbnb)和贝宝(Paypal)就是两个例子。图形接口的设计是为了实现平台商业模式,脸书打算在商业目录悦来网(Yelp)* 中使用它。从图形接口中提取数据后,悦来网可以通过参考用户和他们的好友在脸书上点赞的餐厅,从而改进用户接收的餐厅推荐信息。讽刺的是,图形接口的另一个早期使用者是《卫报》,它与益百利合作开发了一个允许用户查看他们的脸书朋友正在阅读哪些新闻故事的程序。脸书希望成为的是一个无广告并从那些受益于图形接口数据

---

* 悦来网(Yelp)是美国最大的点评网站,类似中国的大众点评。——译者注

的应用程序第三方开发者那里获得收入的平台。

　　值得关注的是,悦来网和《卫报》的例子中不仅需要脸书用户自己的数据,还需要他们朋友的脸书数据。我认为这是剑桥分析公司丑闻中唯一真正令人震惊的事情:数千万脸书用户的个人画像数据是在他们的朋友完成个性测验、参加竞赛或者安装脸书的一个应用程序时泄露了。这些用户无法知道发生了什么,更不用说选择退出了。因此,脸书很难为自己被联邦贸易委员会罚款50亿美元进行辩解。

　　但在这里,监视资本主义理论的信徒又陷入了混乱。联邦贸易委员会委员罗希特·乔普拉(Rohit Chopra)表示,仅仅罚款是不够的,他说:"和解协议没有对导致这些违规行为的公司结构或财务激励进行任何有意义的改变,也没有对该公司大规模监视或者对广告策略进行任何限制。"你发现了吗?乔普拉将脸书当前基于广告的商业模式与其过去使用图形接口的不良做法联系起来,尽管图形接口的创建只是为了让脸书能够开发一种不涉及定向推送广告的商业模式!

　　监管者之间的这种困惑带来了一个结果,我在本章中描述的数据分析和定位技术的合法性受到了质疑。当我在研究过程中陷入这一困境时,我意识到我需要与多年来对营销领域商业道德有深刻思考的人谈谈。2007年至2015年间,担任益百利"马赛克"系统董事总经理的奈杰尔·威尔逊(Nigel Wilson)在定位营销实践中具有难以置信的影响力。我坐火车去诺丁汉看望他,午饭时问起他对信息专员办公室(ICO)最近一份报告的看法,该报告质疑是否应该允许在政治竞选活动中使用数据分析。奈杰尔胸前抱

臂,给出了令人振奋的回答:

> "我不同意信息专员办公室的观点,他们没有抓住问题的核心。这不是一个关于使用数据来传递信息和定位的问题,而是关于如何理解做这件事的人们背后更广泛的背景和目标的问题。几十年来,消费者一直在收到被定位的信息,这些信息迎合了他们的需求、欲望和热点——这正是商业运作的方式。如果你是一个政党,你为什么不能建立一个细分市场,帮助你更好地了解你的追随者,并根据他们的意愿定制一条信息?为什么你不能告诉年轻家庭你的教育改革计划,或者告诉通勤者你将投资交通基础设施?剑桥分析公司运行的背景是他们在未获得必要许可的情况下使用了个人数据。除此之外,脸书没有采用正确的控制举措,去检查定位的行为是否由一个富裕公民、一个利益集团或一个外国势力所进行的,也没有检查信息是否恰当,或者声明的要求是否准确。早在20世纪90年代,你就不能够通过定位残疾人来向他们发送和宣传已经被证实不可相信的奇迹疗法的传单,这是因为管制措施已足够阻止这种情况的发生。坦白地说,区域人口统计被视作问题让我很难受。"

仔细咀嚼奈杰尔的话,我仿佛终于走出了一个闷热的房间,将自己置身于大海般凉爽的空气中。引起政治问题的不是定向营销或脸书的广告商工具,而是我们对谁能使用这些工具以及使用这些工具表达什么样的控制力。

注 释

1. T恤衫的网站是 https://teeshoppen.dk/。脸书关于克里斯蒂安和马兹为 Teeshoppen 工作的案例研究,参见 https://www.facebook.com/business/success/teeshoppen?_tn_=-UK-R。

心理操纵?

1. 关于操纵、诱导、鼓励和劝说之间差别的哲学讨论,参见 Lukes, S., *Power: A Radical View*, 2nd Edition, Palgrave Macmillan, New York, 2005, pp.35—36。

2. 克里斯托弗·怀利的这段话来自 Cadwalladr, C., "'I Made Steve Bannon's Psychological Warfare Tool': Meet the Data War Whistleblower", *Observer*, 18 March 2018。

3. 关于亚历山大·科根对剑桥分析公司故事的看法,参见 Lewis, M., "The Alex Kogan Experience", *Against the Rules with Michael Lewis*, 16 April 2019。

4. 关于广告中潜意识技术的经典描述来自 Packard, V., *The Hidden Persuaders*, D. McKay Co, New York, 1957。相关讨论参见 Nelson, M. R., "'The Hidden Persuaders': Then and Now", *Journal of Advertising*, Vol.37, No.1, 2008, pp.113—126。

5. 多米尼克·卡明斯的论点引用自 Ferguson(2017), p.383。

6. 奥巴马 2012 年竞选的例子引自 Stephens-Davidowitz, S., *Everybody Lies: What the Internet Can Tell Us about Who We Really Are*, Bloomsbury Publishing, 2018, Kindle edition, Loc 2566。

7. 关于脸书定制受众和类似受众的细节,参见 https://www.facebook.com/business/help/744354708981227 和 https://www.facebook.com/business/help/164749007013531。

8. 软件产品销售公司使营销人员能够设置和测量优化包括 Optimizely, Unbounce 和 Visual Website Optimizer 的"实验"。

9. 关于脸书对用户情绪反应的实验,参见 Flick, C., "Informed Consent and the Facebook Emotional Manipulation Study", *Research Ethics*, Vol.12(1), 2016, pp.14—28。

益百利博物馆中的类似受众

1. 关于阿奎拉无人机的内容,参见 Zuckerberg, M. (2017f), "Aquila's Second Successful Flight", *Zuckerberg Transcripts*, 939。

2. 20 世纪 80 年代邮购目录的图片可以在复古 Tumblr Atomic Chronoscaph 中找到,参见 https://atomic-chronoscaph.tumblr.com/。

3. 关于地理统计学的历史和详细解释,参见 Harris, R., Sleight, P., Webber, R., *Geodemographics, GIS and Neighbourhood Targeting*, Wiley, London, 2005。关于益百利马赛克系统的更多信息,参见 https://www.experian.co.uk/assets/business-strategies/brochures/Mosaic%2520UK%25202009%2520brochure%5B1%5D.pdf。

4. 关于"高速路人"的内容,参见 Doward, J., "Motorway Man Holds Key to General Election

Victory"，*Observer*，7 February 2010。

5. 特朗普 2016 年的竞选策略描述来自 "Inside the Trump Bunker，With Days to Go"，Bloomberg，27 October 2016。

6. 关于德国另类选择党在政治竞选中对社交媒体的使用，参见 Privacy International(2017)，"Social Media Campaigning and targeting—the growth of the AfD"，参见 https://privacy-international. org/examples/2849/social-media-campaigning-and-targeting-growth-afd。以及 Avaaz(2019)，"Far Right Networks of Deception"，参见 https://avaazimages.avaaz.org/Avaaz%20Report%20Network%20Deception%20190522.pdf，p.18。

7. 脸书在不同国家授权广告的规则概述如下：https://www.facebook.com/business/help/167836590566506?helpref = page_content。

8. 关于商业动机的虚假信息的例子，参见 Subramanian，S.，"The Macedonian Teens Who Mastered Fake News"，*Wired*，15 February 2017。以及 Barr，S.，"Jameela Jamil calls out celebrities who promote laxative 'detox' teas"，*Independent*，26 November 2018。

9. 关于塑造美国公司对政治广告态度的最高法院判决的解释，参见 Lau，T.(2019)，"Citizens United Explained"，*Brennan Center for Justice*，https://www. brennancenter.org/our-work/research-reports/citizens-united-explained。

图形接口

1. 图形接口最初被称为"开放图表"，概况参见：https://developers.facebook.com/docs/graph-api/overview/♯basics。关于悦来网和《卫报》对图形接口的使用，参见 Schonfeld，E.，"Zuckerberg：'We Are Building A Web Where The Default Is Social'"，*TechCrunch*，21 April 2010。以及"Guardian Announces New App on Facebook to Make News More So-cial"，*Guardian*，23 September 2011。

2. 罗希特·乔普拉的这句话引自于 Davies，R. and Rushe，D.，"Facebook to Pay $5bn Fine as Regulator Settles Cambridge Analytica Complaint"，*Guardian*，24 July 2019。

3. 奈杰尔和我讨论的出版物来自 Information Commissioner's office，"Investigation into the Use of Data Analytics in Political Campaigns：A Report to Parliament"，6 November 2018。

第二部分

繁　荣

集体意识 3

____

　　每天，人们在谷歌上进行约 56 亿次搜索。更重要的是，他们会向谷歌倾诉一些他们不会与朋友、家庭成员，甚至连伴侣或医生都不会分享的事情。如果你手头有手机或笔记本电脑，打开谷歌搜索并敲下"我刚刚……"几个字就能明白我的意思。在我写这本书的时候，以下是谷歌根据"我刚刚……"的检索历史产生的联想：

- 我刚刚真的受够了

- 我刚刚发生了一场车祸

- 我刚刚经历了一次急性焦虑症发作

- 我刚刚经历了最疯狂的一周

- 我刚刚生了一个孩子，该怎么办？

- 我刚刚来了月经，但感觉自己怀孕了

- 我刚刚便便里有血迹

这组搜索词表明,人们不仅仅从谷歌获取实用信息,更在人生最重要的时刻向谷歌寻求建议。因为我们使用谷歌时没有经过过滤,所以互联网搜索产生的数据是非常有价值的。数据科学家塞思·斯蒂芬斯-达维多维茨(Seth Stephens-Davidowitz)称之为"人类心理史上收集的最重要的数据集",这样说毫不夸张。你可以把搜索数据看作每分钟都在指数增长的人类需求和欲望的巨大宝库。这是人类集体意识的显著表现。

还记得我在益百利担任战略和开发主管时,就已经痴迷于学习如何搜索数据,当时公司的营销业务客户智情(Hitwise)*拥有一个叫搜索智能(Search Intelligence)的软件工具。它通过与互联网服务提供商和网络浏览器公司的合作,匿名编辑了澳大利亚、美国和英国数百万互联网用户的互联网搜索。登录该软件后,你可以使用感兴趣的关键字挖掘数据,还可以查看哪些搜索会导致特定网站的流量增加,或者哪些网站获得了特定搜索的流量。

当我与客户智情的管理团队交流时,我意识到,我们的大多数客户都在以相当普通的方式使用该工具:银行客户研究部的一些人员可能会截取 20 个最流行的抵押贷款搜索关键词截图,并将其粘贴在每月的 PPT 报告中;一些市场营销人员可能会以竞争对手网站上的数据作为证据,证明他们需要更多的预算用于购买谷歌广告。当我在思考数据的其他使用可能性时,我被介绍给了史蒂夫·约翰斯顿和利亚姆·麦基——我在第一章中提到的数据科学

---

* 智情(Hitwise)公司是一家全球性的在线竞争情报服务公司,后被益百利公司收购。——译者注

家们。他们的公司启明星(Kaiasm)已经与智情合作,向益百利零售部门的客户提供一项被称为"需求分类"(demand taxonomy)的服务,涉及比较在谷歌上搜索客户库存产品的所有搜索中,哪些搜索推动了客户电子商务网站的流量。这个想法看起来很简单,通过找出客户可以利用的需求和供给之间的差距就能实现,但执行这个想法却需要大量数据和分析智慧。

史蒂夫举了一个为 DIY 品牌"螺丝定"(Screwfix)建立需求分类的例子。通过分析智情的互联网搜索数据并将其与"螺丝定"网站上的产品列表进行比较,史蒂夫可以发现"螺丝定"忽略的各种商业机会。你把使用压缩空气或气体将钉子打入木头的工具叫作什么?"螺丝定"网站上管它们叫做"敲钉机"。但是,搜索数据表明称这种工具为"钉子枪"的人数量是前者的十倍。再例如,那种安装在建筑物外墙上随着人或动物靠近红外传感器而闪亮的灯应当叫什么?"螺丝定"将其归类为"室外灯",但大多数人称之为"安全灯"。最后,如果你正在装修你的厨房,已经安装新的感应炉、花岗岩台面和双门冰箱冷冻柜后,想更换天花板上的条形灯泡,你会搜索什么?搜索数据表明,大多数人会在谷歌上敲入"厨房照明",但"螺丝定"却理所当然地认为,筒灯、聚光灯和嵌入式LED 可以在家中的许多不同地方使用,不需要按房间分别列出。通过改变他们对现有产品的描述和分类方式使其可以与人们搜索的内容保持一致,"螺丝定"从谷歌赢得了更多的流量并最终带来销售额的大幅度增加。

这个案例在我的脑海里一直挥之不去,星期五我坐火车去玩壁球时,脑子里仍盘旋着各种创意。那天晚上,我的壁球对手是一位在开放大学负责数字营销部门的朋友。显然,教育是尝试大数据搜索分析的理想行业。虽然我输了这场比赛,但后来在酒吧里,我成功销售了一个为期六个月的关于继续教育和高等教育的需求分类项目。

我不知道与此同时,风险投资家们正在策划一个更加雄心勃勃的搜索数据使用计划。一天,智情的一位客户经理接到前进互联网集团(Forward Internet Group)的电话,该公司漫不经心地询问,授权使用智情过去十年的搜索数据需要多少费用。在此之前,由于在线提供如此大的数据集的存储成本非常高,智情只允许搜索智能(Search Intelligence)的用户访问过去两年的搜索数据。在为前进互联网集团提供报价时,客户经理设法了解到了他们处理这些数据的计划:让数据科学家对其进行挖掘,并为新的在线零售业务找到一个最佳的未开发商机。该方法类似于史蒂夫和利亚姆的团队向"螺丝定"和开放大学展示如何描述和分类它们的产品和课程以获得更多流量的技术。然而,重要的区别在于,前进互联网集团并没有试图为他们已经建立的业务推动更多的销售,而想从零开始创业,从而导致分析的搜索数据量必须足够大。

这一挑战的巨大规模和复杂性意味着前进互联网集团的数据科学家将在几个月内消失在隐藏的地堡中。在咖啡和小熊软糖的激励下,他们每天工作到深夜,外表越来越凌乱、眼神越来越狂野。最终,执行团队失去了耐心,召集数据科学家到董事会办公室。该公司的创始人兼首席执行官尼尔·哈钦森(Neil Hutchinson)坐在桌子的最前面,旁边是他最信任的顾问,他开口道:"说来听听,你们发现了什么?"穿着邋遢连帽衫和运动鞋的数据科学家们彼此沉默,面面相觑。"谁能告诉我,"哈钦森说:"我花大价钱请你们挖掘数据,最后找到的新业务的最佳商业机会是什么?"最终,其中一人鼓起勇气说道:"是鹦鹉笼子。""鹦鹉笼子?"哈钦森重复道:"你是在逗我玩吗?"

事实是数据科学家们没有骗人。搜索数据显示,在线零售市场最大的供需缺口是鹦鹉笼子。出乎意料地,哈钦森将怀疑抛之脑后,进入到鹦鹉笼子业务中。第一步,前进互联网集团成立了一个简单的名为"只卖笼子"(Just Cages)的单页网站,并花了一点点钱在谷歌列表中做了广告。虽然此时用户并不可能真的从"只卖笼子"上购买笼子,但两周内的网站点击量表明数据科学家是正确的,互联网上对鹦鹉笼子的需求确实没有得到满足。接下来,他们在印度找到了一家所谓的承运批发商,该批发商可以把鹦鹉笼子直接运送给客户,这就意味着"只卖笼子"没有财务风险和实际的库存困难。拼图的最后一块是构建电子商务的在线列出产品、接受付款和处理订单的功能。为了让"只卖笼子"的业务尽可能简单,前进互联网集团使用了为网上商店提供现成产品的易购网(Shopify)的服务。

最终的结果没有让哈钦森失望,不到一年的时间里,"只卖笼子"就赚了320万英镑,并建立了另外十个电子商务网站以销售狗窝、笼子、水族馆和用来为爬宠提供控制环境的生态缸。更重要的是,新的电子商务商机并不局限于宠物住宿。就在前进互联网集团的数据科学家们掉入以搜索大数据为信条的奇幻之旅时,企业家理查德·塔克(Richard Tucker)和乔·默里(Joe Murray)正在构思一个通过分析揭示供需差距来改变家居和园艺领域的业务。他们创建的公司世界商店(World Stores)是由床垫世界(Mattresses World)、棚屋世界(Sheds World)甚至蹦床世界(Trampoline World)等大批满足消费者通过谷歌搜索表达出的对特殊家居和园艺产品需求的众多小众网站所组成。通过不断监控搜索数据以发现新趋势,世界商店比其他固守传统思维的竞争对手领先了一大步。塔克回忆说:"有一年,人们一直在疯狂搜索'脚轮矮床',公司里没有任何人知道这是什么,但是人们正在不断地键入这个词来进行搜索,于是我们将这个产品加入存货,它卖得超好!"(顺便说一句,脚轮矮床是一种放在床下的低轮床。)

虽然"只卖笼子"只是一个效果超出预期的实验,但世界商店是一项完全基于分析搜索数据的正式业务。截至 2016 年出售给达内尔姆集团(Dunelm Group)时,该公司在其在线商店网站中列出了 50 多万种家居和园艺产品,年销售额超过 1 亿英镑,拥有650 名员工。这个例子有力地说明了大数据可以增加消费者选择、促进经济增长、就业岗位增加和社会繁荣。

2012 年春天,当我坐在益百利办公室的办公桌旁阅读关于风险资本投资于世界商店的新闻报道时,电话响了。我的朋友兼营销导师露丝打来电话:"开门见山,我想让你帮个小忙。"露丝告诉我,她在战略咨询公司麦肯锡的一位老同事正计划建立一家提供非常规在线保险的新公司。我立刻竖起耳朵,"史蒂文有非常敏锐的商业嗅觉,而且已经找好了技术联合创始人,"露丝继续说,"但他需要数字营销方面的专家,你能与他见面并看看有没有可以推荐的人吗?"

虽然我对将互联网搜索数据分析应用于保险市场的想法很感

兴趣,但并不想找一份新工作。我在益百利的工作是多样化的、启智的,并且有额外津贴和去巴黎和纽约出差的机会。我为什么要过创业初期那种混乱和不确定的生活呢? 我告诉露丝,我很乐意和史蒂文一起喝杯咖啡并提出一些建议,但仅限于此。

但是,当我开始分析从智情下载的搜索数据以准备与史蒂文的会面时,好奇心完全转化成了兴奋。对于局外人来说,大数据分析听起来既枯燥又费力,但却能带来巨大的回报。这是一种你可以完全沉浸其中的活动,分散注意力的东西消失不见、时间也似乎静止不动,你所有的精神资源都被活动本身吸收了。"行云流水的状态"(flow state)更多是与瑜伽、绘画或攀岩联系在一起,但在数据分析中也有这种说法。我有时把这样的行为比作在蔚蓝的海洋中安静地游泳,寻找闪耀的光芒。在我从智情下载的保险搜索数据中——这是从数百万人的头脑中倾泻而出的伟大信息,有光点在各个方向闪烁。机会太多了,我无法决定向哪个方向游,也无法更仔细地审视,因此我决定用拍摄一张类似水下全景照片的方式来思考。

就如同前进互联网集团和世界商店一样,我对目前市场上竞争对手错过的消费者需求有浓厚兴趣。我一开始就排除了那些点击率在80%以上的搜索,因为点击率低才能说明人们无法立即在自己的搜索结果页面上找到想查的东西。然后我列出了一长串的"停止词",这些词和短语不能告诉我消费者对于产品的需求。这些词包括保险公司的品牌名称,如定向线(Direct Line)和英杰华集团(Aviva);保险的同义词,如"保单"(policy)和"保险"(cover);以及购买和使用保险过程中的通用词,如"报价"和"索赔"。当我过滤掉这些数据后，将数据拖放到被称作"标签云"（TagCrowd）在线可视化工具中，并要求它显示最常出现的单词。以下就是结果：

"拍摄"大数据：一个通过互联网搜索表达的消费者对保险需求的云可视化的词

这幅图的某些部分非常明显：汽车保险、旅游保险、家庭保险等产品存在大量需求。不过，更有趣的是数量较少的搜索集群。"商业""责任""专业性""赔偿""市场""交易员""小货车"和"出租车"等都是对小企业主保险需求作出反应的绝佳商机，这或许是为什么专业保险经纪公司"简单商业"（Simply Business）的业务增长如此之快的原因。搜索词"露营车""拖车"和"房车"等词，和"年轻""司机""黑色""盒子"和"初学者"等词，意味着汽车保险的商机在主流车辆和驾驶人的范畴之外。当然，保贝美未来成就的早期迹象已经在"医疗""健康""宠物""猫""狗"和"马"等词中显现出来。

当我穿过伦敦桥去见史蒂文时，正是交通高峰期，大批城市工人迎面向车站方向行进。我保持直线行走，轻松地把我面前的人群分割开来，这让我意识到逆流而行的可能性，也发现我会享受这样做。

我去 Pret 买了一杯咖啡,发信息告诉史蒂文我到了。我补充说,他未必能认出我,因为与领英上的照片相比,我蓄起了胡子。但是他却很好辨认——穿着灰色西装,没有打领带,看上去严肃、瘦削、精力充沛、躁动不安。露丝提前打了预防针,说他讲话非常直接,事实确实如此,在第一次见面时他就直接问:"你为什么要见我?"我回答说我不是在找工作,只是出于对露丝的尊重,以及喜欢结识有趣的新朋友。我带了一份搜索数据分析的打印件,史蒂文显然对此印象深刻。他告诉我这是第一次有人与他会面之前,充分考虑了保贝美的设定是什么,而不是计划把产品卖给谁,或宣扬如果保贝美的产品想要获得成功就必须花费数百万英镑在电视和线上广告上,以提高品牌知名度的传统思想。他给我看了他向潜在投资者和保险合作伙伴展示的幻灯片,其中宣称保险市场已经为被瓦解作好了准备,而保贝美将会做这件事。价格比较网站的兴起导致保险公司的利润率承受较大压力,而新的监管规则意味着除非保险公司能引入新的产品线和地理区域,否则将被迫保有更多的资本。与此同时,团购网站和集体能源转换俱乐部的出现,导致团购获得了大量消费者的认可。史蒂文告诉我,他离开麦肯锡之后在亲密兄弟(Close Brothers)工作,当他离开亲密兄弟后,曾经打电话给其提供公司健康保险的 AXA PPP,希望能作为个人而非公司员工继续参保。他知道亲密兄弟公司每年为他支付的费用超过 1 000 英镑,但 AXA 向其个人的报价是向企业报价的 4 倍多。他和他的家人的健康状况没有任何变化,这只是金融服务公司向大公司提供优惠待遇,然后利用普通人来对此予以补贴的简单例子。他对保贝美的愿景就是利用志同道合个人的集体购买力来纠正这种权力失衡。

接下来的一周,我见到了盖伊;与史蒂文不同的是,他非常随和,让我很难相信他们两个竟是商业伙伴。盖伊告诉我他创建保贝美的故事:在开发了一些软件让他的朋友们更容易分摊他们每年滑雪旅行的费用后,他开始考虑还可以利用线上群组做什么。他在一家银行工作,史蒂文经营着银行的财富管理部门,在那里,两人的想法开始碰撞。盖伊在互联网泡沫时期在旧金山创建了科技商业公司,之后转移到欧洲,但它们一直被当作顾问公司,很难创造股权价值。当时伦敦的初创企业并不多,但他确信,谷歌肖尔迪奇(Shoreditch)园区的开业以及对早期投资者的新税收激励措施,意味着这些企业即将爆炸式地进入生活。

我意识到与这些新结交的人一起,将会拥有冲破搜索数据分析的界限、转变金融服务的大好机会。因此,我决定接受史蒂文的邀请,担任保贝美的首席营销官,并同意一旦我们的创业基金从我们的投资人那里进入银行,就辞去在益百利的职务。

在第一章中,我提到了保贝美的早期花费:一台打印机、一台咖啡机和我们那间小小办公室的租金。在此基础上,我们的首要任务就是为保险市场建立一个"需求分类法"。我与智情讨价还价获得了有折扣的许可,并聘请启明星帮助处理数据。我的第一次云分析是基于 2011 年 12 周内的 10 000 行搜索数据。虽然数据量看起来不小,但因为季节性因素它并不具有代表性。人们在一年中的不同时间需要不同类型的保险,例如,家庭假期的旅游保险需求在夏季达到高峰。这些数据和前进互联网集团和世界商店使用的一样,只是所有可用数据中的一小部分,但我想要更大的数据量。于是我下载了过去两年中为保险进行的所有搜索，并将其发送给史蒂夫和利亚姆进行编译和消除重复数据。事实证明，在此期间，英国共有 1.05 亿次保险搜索，分布在近 85 万个不同的搜索表达方式中。启明星的数据科学家团队使用他们开发的软件计算了标题中包含每个搜索表达方式的网页数量，这将是我们衡量现有网站满足通过谷歌搜索计算出的人们需求程度的数据。最后，盖伊建立了一个方便查询数据库的在线工具，利亚姆画了一个所有最佳商机的可视图挂在办公室的墙上。

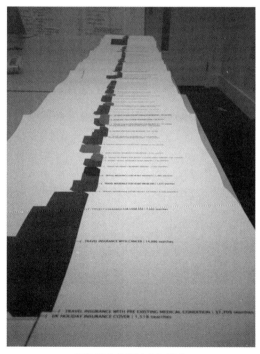

保险需求分类法的可视化

我们该如何利用这个代表作呢？首先，我们检验了已有的想法，包括我在第一章中列举的学校橄榄球保险和糖尿病旅行保险的例子。接下来,我们测试了史蒂文已经进行商业会谈的保险公司的想法,然而结果都很糟糕。保险公司想出售葡萄酒收藏保险、绑架和赎金保险以及规划顾问服务赔偿保险。数据显示,这些产品供应充足,但需求几乎为零,尽管这些类型的保险都不会存在大量索赔,因此利润率很高。显然,保险公司没有对潜在客户的实际需求作出回应,而是倾向开发满足其自身需求的产品,然后希望能够说服人们购买这些产品。

在拒绝了保险公司的想法后,我们决定在保贝美的网站上成立用户小组,讨论保险公司无法满足的明确需求。我想看看能不能招募50或100人加入聊天组,然后史蒂文就有了向保险公司展示消费者需求的有形证据。就像糖果店里的孩子一样,我首先尝试了看起来最诡异的机会:四轮自行车保险、运河船保险,甚至还有舞台催眠师保险。果不其然,人们很快加入到聊天小组中,我从他们那里了解到:

- 保险公司对用于赛道比赛但未经道路登记的四轮自行车收取过高的费用。
- 市场上只有一家占支配地位的窄船保险公司,业主们认为更多的竞争会"让他们保持诚实"。
- 许多场地表演的强制性要求导致舞台催眠师很难获得公共责任保险。

从商业角度来看,这些商机的缺点在于可扩展性不强。为了满足这三个小众需求,需要与三家独立的保险公司签订协议,但史蒂文发现达成协议可能是一个漫长的过程。我意识到我需要在数据中找到一系列具有相关性的机会,类似在我的潜水比喻中游向一片更大、更明亮的光芒。

这就是我如何发现并塑造保贝美未来几年企业战略的黄金商机的。想象一下,我顶着一头鸟窝般的头发,几天来第一次从笔记本电脑上抬起头来,眼神里闪烁着光芒,向史蒂文、盖伊、海伦和最新招募的戴维宣布:"我发现了一个将永远改变金融服务业面貌的产品:哈巴狗保险!"说完,我大步走出房间,去泡上一杯庆功茶。

哈巴狗保险

为什么我对此如此兴奋呢? 首先,很多人似乎都在搜索专门的哈巴狗宠物保险,但在网络上没有一个名为"哈巴狗保险"的页面。其次,哈巴狗的主人对普通狗保险存在很明显的不满,不满的原因值得深入研究。当时,哈巴狗非常盛行,来自养犬俱乐部的统计数据显示,哈巴狗几乎成为了英国最受欢迎的小狗。因此,哈巴狗天文数字般的身价导致了盗窃案激增。通过快速分析来自DogLost.co.uk 这个可以免费发布小狗失踪信息网站上的数据,我发现哈巴狗是过去 12 个月里被盗最多的品种,它们矮小的身材和友好的天性也可能是导致它们"易窃性"的原因之一。如果你给你的哈巴狗上了传统的宠物保险,那么在它失踪后,1 000 英镑将会是你能得到的最高赔款,但再买一只哈巴狗就要花费 5 000 英镑。由此可见,保险公司提供的盗窃保险是完全不够的。

更重要的是，许多宠物保险单中包含了对"特定品种疾病"的排除条款，即不为已知特定品种容易出现的医学问题承保。对于越来越多的哈巴狗主人来说，这意味着脑炎（一种脑部炎症）或髋关节发育不良（一种可能导致脱位的髋关节窝问题）的兽医治疗将不包括在保险范围内。脸书的评论帖子和在线论坛上的讨论表明，哈巴狗的主人对此持悲观态度：如果保险公司不为治疗成本最高的问题买单，那么买保险又有什么意义呢？面对哈巴狗的流行，宠物保险产品已经落后于时代了，这给了保贝美回应时代需求的机会。

第三，也是最令我兴奋的一点，几乎所有其他狗品种都存在与哈巴狗相同的问题，那就是保险公司未能满足大量的需求。法国斗牛犬保险、那不勒斯獒犬保险、西伯利亚哈士奇保险，当然还有德国牧羊犬保险。在我意识到我也可以以同样的视角看待猫保险之前，我已经有了一份70多个供保贝美开始的细分保险名单。

在我解释了我的发现后，小组的其他人立刻行动起来。当海伦和我开始撰写文案和建立多个脸书广告活动时，史蒂文和戴维向宠物保险的主要提供商推销哈巴狗细分保险的名单。某场哈巴狗保险竞标的最终胜利者宠物计划（Petplan）同意为我们的客户在产品中增加失窃和损失保险。一些保险商同意对几十种他们喜欢的或想要多样化的险种提供20%的折扣，而另一家规模较小的经纪公司则为另外10个险种提供了25英镑的现金返还。虽然折扣和现金返还优惠并没有弥补产品的缺点，但它至少让保贝美的会员有了更多的钱来处理保险公司无法解决的问题。

就这样，我们建立起了现在公司的平台。三年后的2017年，我们厌倦了等待保险合作商改进他们的宠物保险产品，并设计了自己的保险产品，将保贝美从第三方产品分销商转变为线上经纪人，开始代表保险商作出具有约束力的决定。分析需求分类法中获得的量化研究，以及从脸书和推特上与宠物主人的数万次互动中获得的定性研究告诉我们，我们自己的产品应该是什么样子。我们将盗窃和损失的最高索赔限额定为 6 000 英镑，取消了针对特定品种疾病的排除条款，放弃了向现有客户收取比新客户更高续保价格的古老保险业惯例。在认识到大多数宠物是家庭的一部分后，我们将旅行、补充治疗和宠物死亡产生的相关费用包含在保险赔偿中。数据告诉我们，有些人对支付不会索赔的保险感到不快，因此我们提供了在没有索赔的情况下每年有现金返还的新产品。数据还表明，有些人担心宠物保险的成本会随着时间的推移而增加，于是我们为小狗和小猫推出了一种产品，保证保险价格在宠物的一生都相对固定。有些人讨厌支付超额损失，这笔费用是保险公司要求你为超出保额的损失支付费用，因此我们提供了将超额损失设置为零的选项。保贝美的年销售额为 1.41 亿英镑，有 220 名员工，并保护着超过 325 000 只宠物，拥有最高的保险公司客户满意度得分。它是英国最值得信赖的宠物保险品牌，是欧洲发展最快的保险公司，也是世界第一大宠物业务和特殊宠物的保险提供商。

正是搜索数据——网络生活的一种不费吹灰之力的副产品——让这一切成为可能。大量聚合且匿名的互联网搜索的可用性是保贝美成功的必要条件，就像"只卖笼"和世界商店的成功一样。如果你跟随了本章开始时的实验，并且谷歌搜索框中仍然留有写着"我刚刚……"的窗口,请返回到网页并敲下回车。现在查看浏览器中的地址栏,你将看到一个包含各种参数的长字符串,比如刚刚进行的搜索查询("q = i%27ve + just + h")、它的起源地("source = hp",谷歌主页的缩写)以及它发生的确切时间("ei = ",被以微秒为单位的时间编码版本跟随)。这些数据现在存在于谷歌和您的互联网服务提供商的服务器上。如果您使用的浏览器不是谷歌浏览器或者安装了浏览器扩展,那么它也可能存在于属于这些软件开发人员的服务器上。如果你点击其中一个搜索结果,谷歌会将你的查询"i%27ve + just + h"发送到目标网站。

这个数据的未来有两种可能性:被删除或使用。如果您希望它被删除,您可以使用一个像鸭鸭谷(DuckDuckGo)这样保护隐私的搜索引擎,而不是谷歌,或者一个像勇敢者(Brave)这样保护隐私的浏览器——他们会确保你的搜索数据几乎在创建时就消失了。但我仍然想说服你,如果搜索数据能被用来做一些事情,会是一个更好的选择。这样的比喻可能不太恰当,我在智情的老同事们就像第一章中想象的农业企业的粪便收集和处理功能一样,从互联网服务提供商和浏览器软件中编辑搜索数据,并将其提炼成有用的东西。搜索智能、"只卖笼"、世界商店和保贝美就像农民,我们的产品依靠搜索情报来滋养。

虽然人类生活有时会向前大步迈进,但大多数时候是微小的进步,比如有更多的鹦鹉笼子可以选择,或者能够找到不寻常的宠物保险类型,这些微不足道的进步也能给一些人带来很大的改变。以来自伦敦南部的食品科学家迈卡·卡尔-希尔(Micah Carr-Hill)为例,他为他的黄色拉布拉多犬酋长(Chief)购买了保贝美保险。酋长是一只训练有素的自闭症服务犬,能帮助迈卡的儿子保持安全并培养他的独立性。自闭症服务犬都很昂贵,酋长的身价高达6 000英镑,因此失去它将对迈卡的家庭产生严重影响,这就是为什么需要寻找一种保险金可以覆盖买另一只狗的全部费用的宠物保险的原因。

小的改变还会产生连锁反应。2014年,波士顿咨询公司的一名研究员正在为中国最大的保险公司中国平安编写一份关于保险业创新的报告。她在《连线》(Wired)杂志上读到一篇关于保贝美的文章,便联系到史蒂文想进行采访。几个月后,她的一位同事告诉我们,中国平安的普通保险部的总经理将带领他的管理团队来到伦敦,并希望与保贝美会谈。史蒂文觉得这个想法很可笑:平安有150万员工,超过4亿客户,年销售额超过1 000亿美元,位于深圳的高115层约562米的总部大楼即将竣工,并成为世界第四高楼。与此同时,保贝美只有被塞进克莱肯威尔后街的6人间工作室里的8名员工。

我们在办公大楼中最大的共享会议室里欢迎了中国平安的董事长孙先生和他的团队的到来,这是一个铺着热粉色地毯的低吊顶地下室。我们预约了视频会议,这样更多的中国平安同事可以远程参加会议,但由于房间里没有视频会议设施,盖伊只能用蓝黏土在白板上钉了一个网络摄像头。此时我们都有点歇斯底里了,认为自己大概率是在胡闹,这场会议不是大获全胜就是一败涂地。在多次握手和精心交换名片之后,史蒂文开始了他的讲解。几分钟后,孙先生注意到史蒂文、盖伊和我都没有系领带,并恭敬地解下了自己的领带。注意到孙先生不再戴领带,中国平安团队的其他男性成员也立刻这样做了。接下来,我开始介绍保贝美产品开发和营销的数据驱动方法。几张幻灯片间的短暂停顿时,孙先生站了起来,走到房间后面的接待车旁,拿起热水瓶。我惊恐地看着他把水倒进瓶子里——他一定以为那个玻璃杯是耐热的,我们的投资者约翰手持拿铁摔下地板的可怕记忆在我眼前疯狂闪回。令人难以置信的是,孙先生的玻璃完好无损。然而,他刚坐下,他的几个同事就开始站起来每人接一杯热水,我完全不敢看下去了。

老天保佑,直到演讲结束,也没有任何东西破损或没有任何人被烫伤。中国平安团队提出了很多问题,然后孙先生告诉我们他的想法,他同意波士顿咨询集团认为保贝美在保险方面拥有创新的方法的观点,中国平安致力于与金融服务技术前沿的小公司合作,不知道我们是否愿意与他们合作,为中国消费者设计并推出新的旅游保险产品组合?

我们不确定该如何回答。这当然是一个令人非常高兴的提议,但我们当时的规划是扩大我们在英国合作伙伴的客户获取范围。传统的创业智慧告诉我,不要被投机机会分散注意力;而是应该像激光一样专注于现有的目标。当我们向我们的投资者寻求建议时,他们都持怀疑态度,警告我们中国平安可能会复制我们的知识产权。此外在中国做生意时,像支付发票这样简单的事情都可能会充满困难。我们考虑得越久,拒绝的理由就越多。例如,我们必须找到在保险和数字营销方面具有专业知识的讲普通话的员工。中国有谷歌和脸书的对等产品百度和微信,我们必须从零开始学习这些软件。但在这个世界上人口最多的国家,去推动保险业发展的前景已经牢牢把我们吸引,因此我们同意了合作。

和许多其他行业一样,中国的保险业在过去十年中以惊人的速度发展。2015 年夏天,当我们开始与中国平安合作项目时,中国保险市场的大部分增长都来自一些从欧洲角度看很奇异的产品。在前一年的足球世界杯期间,一家中国保险公司出售了一份名为"看足球喝大"的保险单,为球迷自己造成的酒精中毒提供保险。有一些产品为一些小型倒霉事件提供小额赔偿,如失眠、粉刺爆发或做饭时划伤手指。在旅游保险类别中,中国平安的一个竞争对手公司发行一种保险产品,如果北京、上海或西安的风景被雾霾遮蔽,则为度假者提供补偿。虽然中国保险监管机构随后将禁止不存在客户财务损失风险的保单,但在当时中国平安希望推出引人注目的新产品,他们的一个保险产品是针对冒险食客的,一旦食客发生食物中毒,保险将进行理赔。我们是否能通过分析中国搜索引擎的数据找到这类需求的证据呢?

　　第一步是建立一个匿名互联网搜索数据库的中文版本,以便能发现像英国的哈巴狗保险这样的黄金商业机会。智情并不在中国运营,且由于谷歌退出中国市场,根据自动输入联想来编辑一个分类法不太可能。幸运的是,史蒂夫·约翰斯顿知道一家英国机构专门从事中国的搜索营销,他们可以使用通过搜索引擎向广告商提供帮助定位搜索词的软件工具——中文关键词规划器。该机构煞费苦心地将每个保险相关搜索数量的数据复制粘贴到电子表格中,史蒂夫的团队则统计了每个词在网页标题中出现次数。这种方法速度慢、劳动密集、成本高,意味着我们只能触及中国客户通过互联网搜索表达的表面。

　　而且,我们还捕捉到一些有力的商业机会。事实证明,中国平安的"食物中毒保险"理念并不像最初看起来那样激进。有证据表明，有人在寻找可以覆盖农家乐住宿的保险，农家乐在中国美食家中很受欢迎并且可能带来胃部不适的风险。数据还告诉我们，中国消费者正在考虑去哪里旅游：令人惊讶的是，到非洲国家旅游保险的搜索次数要比北美国家多得多，而"尼泊尔旅游保险"的搜索次数是"英国旅游保险"的3倍。市场中还存在大量旅游取消保险的需求未得到满足，表明消费者对现有的这类服务并不满意。最后，我们发现许多现有的保险政策并不包括高原病，因此有大量中国山区徒步旅行保险的需求。

我们飞往深圳介绍了我们的发现。在英国，我们习惯于要等几个月让合作伙伴去考虑，但中国平安立即作出了决定。在两周内，他们根据我们的发现推出了7款新的旅行保险产品。

这种连锁反应很快蔓延到了中国以外的地区，我们与中国平安的合作给公司带来了大量的咨询客户。保险公司们想知道搜索数据分析是否能帮助他们在瑞士、波兰、韩国和澳大利亚进行产品开发。仍然在那间单人办公室里，我们创建了保贝美国际，并承担了涉及墨西哥手机保险、加拿大人寿保险和意大利汽车保险的项目。保险和哪些国家组合并不重要，重要的是我们的方法刚好奏效。从使用搜索数据去解决英国哈巴狗主人的保险需求开始，我们最终为全世界的人们提供了更好的保险。

注　释 _____

1. 谷歌使用率统计数据由 SEOTribunal.com 汇编，载 https://seotribunal.com/blog/google-

stats-and-facts/。

2. "The 'most important data set ever collected on the human psyche'" 引自 Stephens-David-owitz, S., (2018), Kindle edition, Loc 224。

3. 螺丝定需求分类法的案例研究描述，参见 https://www.taxonomics.co.uk/clients/screwfix/taxonomy/。鹦鹉笼子的故事是智情公司的一个轶闻，我所转述的版本肯定存在多次复述所带来的过分修饰。更客观的描述可以参考 Fiona Craham, "Searching the Internet's Long Tail and Finding Parrot Cages' for BBC News"（https://www.bbc.com/news/business-11495839）以及 Steph Welstead's Profile of Neil Hutchinson（https://web.archive.org/web/20170927052958/http://startups.co.uk/forward-neil-hutchinson)。

4. 世界商店的引用和统计数据的来源如下:

   - Cellan-Jones, R., "WorldStores—Searching for Retail Success", *BBC News*, 31 March 2011.

   - Wilson, A., "WorldStores founders build furniture megastore", Daily Telegraph, 16 October 2012.

   - Casey, D., "Dunelm swoops for £100m turnover retailer", Insider Media, 28 November 2016.

哈巴狗保险

1. 关于保贝美哈巴狗保险的文章是 Solon, O., "Bought By Many uses crowd clout to negotiate cheaper pug insurance", *Wired*, 21 February 2013。

2. 关于平安的数据点来自其英文公司网站的"公司主页"部分,参见 https://group.pingan.com/about_us/who_we_are.html。

3. 《建筑日报》(ArchDaily)有一份世界上最高的摩天大楼名单,参见 https://www.archdaily.com/779178/these-are-theworlds-25-tallest-buildings。

4. 在 2017 年威尔·科德维尔（Will Coldwell）为《卫报》撰写文章（https://www.theguardian.com/travel/2014/mar/19/chinese-smog-insurance-ctrip-travel-agency-air-pollution-policies)和唐·韦恩兰（Don Weinland）为金融时报撰写的文章（https://www.ft.com/content/bee51a52-accd-11e6-9cb3-bb820790 2122)对此进行描述前,这些不寻常的保险产品是中国保险的一个独特的特征。袁洋（Yuan Yang)随后在《金融时报》上撰写了监管部门如何打击该现象的文章,参见 https://www.ft.com/content/6c4e4ea6-d263-11e6-9341-7393bb2e1b51。

5. 索菲亚·罗拉关于 ClickZ 的故事,参见 China's Ping An Leverages Social Data to Personalize Travel Insurance,保贝美为平安提供服务的综述参见 https://www.clickz.com/chinas-ping-an-leverages-social-data-to-personalize-travel-insurance/24990/。

数据丰裕

　　如果现在告诉你,我因沉迷于搜索数据而在剑桥的同事中名声大噪,可能就不会那么令人惊讶了。很多人说,对一切问题我都用数据搜索回答。从预测选举结果、评估代议制民主替代方案的受欢迎程度到衡量心理健康,社会科学中所有问题我都能转向搜索数据分析。

　　在我最近在剑桥举办的一系列研讨会上,简单的搜索数据查询提供了一系列新鲜的见解。可持续发展专家马修(Matthew)发现 2019 年 2 月是英国公众对气候变化态度的转折点,当时与气候相关的谷歌搜索突然增加。塞特(Saite)正在研究 2008 年经济危机对家庭财务的影响,他发现在美国,谷歌搜索中的领先指标是抵押贷款需求。基于搜索数据的简单模型却能够让他估计官方统计数据不可用或不可靠的国家和时期的抵押贷款需求。

　　我们的同事、著名经济学家戴安娜·科伊尔(Diane Coyle)长期致力于提高经济计量的准确性和实用性。正如她在其著作《极简 GDP 史》（*GDP：A Brief but Affectionate History*）*中所讨论的那样，最著名的经济指标有许多不足，会导致政府和推选他们的人作出不正确的决策。其中的一个不足就是 GDP 没有考虑到人们在数字革命使免费商品和免费服务成为可能中获得的好处。对数十亿人来说，免费电子邮件、视频和社交网络软件是日常生活的重要组成部分，我们依靠它们工作、娱乐以及与朋友和家人保持联系。但其价值在 GDP 中完全缺失，原因很简单，就是因为没有交易发生。

经济学家面临的挑战是找到一种计算免费软件真正价值的方法，并因此引入了搜索数据分析。在研讨会上，戴安娜用免费统计软件进行了测试。她将谷歌搜索付费统计软件产品 MATLAB 与搜索免费替代产品 R 的数量进行比较，从而定义了使用每种软件产品人数的变量。通过将 R 用户的数量乘以获得 MATLAB 许可的年成本，她可以粗略估计 R 对全球经济的贡献有多大。谷歌的搜索数据还表明，随着时间的推移，用户偏好发生了变化，关于 MATLAB 的搜索逐渐减少，而对 R 的需求不断增加。最后，戴安娜还从中发现了地区差异：伊朗对 MATLAB 表现出最强烈的偏好，而菲律宾似乎是 R 的"国际首都"。

我并不是唯一一位认为搜索数据在研究中具有重要作用的鼓吹者。索菲·科利（Sophie Coley）利用回答公众网（AnswerThe-Public.com）**的搜索数据揭示了英国公众对英国脱欧的最大担

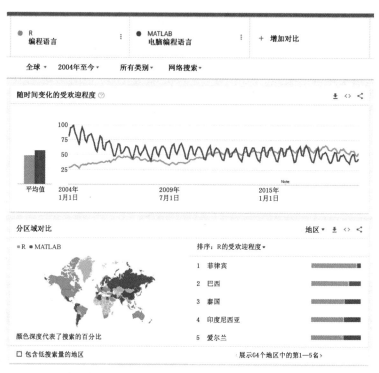

| | R | | | MATLAB | | | | + 增加对比 |
| | 编程语言 | | | 电脑编程语言 | | | | |

全球 ▾ 2004年至今 ▾ 所有类别 ▾ 网络搜索 ▾

随时间变化的受欢迎程度 ⑦

平均值

2004年
1月1日

2009年
7月1日

2015年
1月1日

分区域对比   地区 ▾

■ R ■ MATLAB   排序：R的受欢迎程度 ▾

1 菲律宾
2 巴西
3 泰国
4 印度尼西亚
5 爱尔兰

颜色深度代表了搜索的百分比

☐ 包含低搜索量的地区   展示64个地区中的第1—5名 ›

使用谷歌趋势来比较统计软件随着时间推移的受欢迎程度

忧：癌症药物短缺、房价暴跌甚至内战。塞思·斯蒂芬斯·达维多维茨（我们在上一章提到过他）在《人人都在说谎》(*Everybody Lies*)中记录了一些关于美国人生活的重要发现。衡量 2016 年共和党初选中唐纳德·特朗普支持者的最佳预测变量是人们在谷歌中进行"黑鬼"等种族主义搜索。父母最关心他们孩子们的智力潜力，但是仅在他们有儿子的情况下，因为搜索"我的女儿是否有天赋"的人只有搜索"我的儿子是否有天赋"的人的一半不到，而搜索"我的女儿是否超重"的人是搜索"我的儿子是否超重"的人的两倍。

在我写这本书的时候，共有 265 篇使用搜索数据的文章发表在同行评议的学术期刊上。意大利流行病学家尼古拉·布拉加齐

(Nicola Bragazzi)是学术界使用搜索数据的代表。他与人合写了20多篇期刊文章,用搜索数据揭示了广泛的公共卫生问题——这种技术被称为"信息流行病学"。

这些论文大部分都关注公众对传染病的反应。布拉加齐和他的合作者研究了2014年西非埃博拉疫情期间谷歌搜索"埃博拉"(Ebola)的数据、2016年巴西疫情期间搜索"寨卡病毒"(Zika virus)的数据,以及意大利在长达11年的时间段内搜索"西尼罗河热"(West Nile fever)的数据。这些研究表明,监测汇总搜索数据有助于跟踪大多数人都能上网的国家的疾病传播情况。即使在只有一小部分人上网的国家,搜索数据也可以为医疗卫生机构提供有关人群信息需求的重要线索。一种疾病的专家知识与普通人的信仰和行为之间往往存在差距,分析搜索数据可以突出这一差距,使医疗卫生机构能够制定更有效的沟通战略。

在"寨卡病毒"的案例中,搜索数据表明公众对小头症(婴儿出生时头部异常小)存在过度关注。事实上,在怀孕前三个月感染"寨卡病毒"只会带来1%至13%的小头畸形风险,而发烧、皮疹和结膜炎是感染的更常见症状。此外,几乎没有证据表明有人在搜索可以采取哪些行动来降低感染病毒的风险,例如如何使用蚊帐和驱虫剂以及避免积水,即使这些知识有可能挽救生命。

在确立了谷歌搜索数据在研究传染病方面的作用后,布拉加齐将其扩展到其他公共卫生问题。寻求掌握年轻人自残趋势的研究人员通常使用数月乃至数年的统计数据,但布拉加齐表明,聚合的匿名搜索数据是一种实时可用的强大替代方法。在职业健康领域,布拉加齐领导的研究小组分析了全球范围内查找硅肺的模式。

硅肺是一种石匠、采石和建筑等无法避免吸入灰尘行业的工作人员的肺部疾病,这些研究展现了搜索数据在告知临床医生患者所关注问题方面的潜力,并可用于评估工作场所预防措施以及健康与安全立法的有效性。

最后,布拉加齐已经证明,搜索数据可以客观地量化宣传活动对公共卫生的影响。2015 年,演员兼人道主义者安吉丽娜·朱莉(Angelina Jolie)向公众宣布她接受了双乳切除术,以预防基因决定的罹患乳腺癌的高风险。她的行为使得美国公众对遗传性乳腺癌的讨论激增,很多人选择转诊至提供基因筛查的诊所,这种影响被称为"安吉丽娜·朱莉效应"。布拉加齐和他的团队希望衡量这种效应在欧洲产生的影响。分析谷歌数据显示:朱莉官宣后,乳腺癌搜索量一扫长期下降的趋势,增加了 18%,而乳腺 X 光检查的搜索量增加了 71%。社会对于朱莉行为的影响力一直存在诸多质疑,但布拉加齐的团队利用搜索数据提供了确凿的证据。

搜索数据在学术研究中的应用远不止于此。数字营销人员艾娃·库塔涅米(Eeva Koutaniemi)与社会学研究人员艾琳娜·艾尼奥(Elina Einiö)合作研究芬兰家庭虐待的季节性(seasonality)。通过将警方数据与谷歌搜索热线、庇护所和亲密伴侣暴力信息相关联,他们证明了搜索数据可以预测在那些没有官方统计数据的国家中家庭虐待的季节性高峰。在其他地方,学者们已经证明搜索数据可以预测大规模人口流动,无论这种流动是为了应对自然灾害还是为了寻求经济机会。我可以不停地举例下去,但相信读者已经明白:数据所能揭示的重要事实几乎是无限的。用深海潜水的术语来说,海洋是辽阔的,充满了光芒。

如果你了解其实大多数大学的资金非常紧张，可能会好奇研究人员是如何负担得起所有这些数据的。答案很简单：他们没有使用付费的搜索数据来源，而是依靠一个免费的工具——谷歌趋势（Google Trends）。它只有一个简单的在线界面，设计目的就是能让普通谷歌用户浏览搜索数据。用户只要输入一个感兴趣的搜索词或主题，谷歌趋势就会返回一段时间内的相对搜索量，最久可以追溯到2004年。回看一下戴安娜在统计软件产品搜索研究的实验图片，你就能了解谷歌趋势的其他关键功能。第一，用户可以比较不同时间段内最多5个术语或主题的搜索量。第二，用户可以看到搜索中的国家差异，以及国家内部的区域差异。第三，用户可以在不同类型的搜索之间自由切换，例如在图像搜索和油管（YouTube）搜索之间切换。第四，用户可以将数据下载到电子表格中，并对其进行自己的分析。最后，用户可以查看前25个相关联想搜索。例如，马修在调查气候变化搜索数据时看到的最流行的查询词是"格蕾塔·通贝里"*"特朗普论气候变化"和"反抗灭绝"**。

　　谷歌趋势是一个很棒的工具，但最后一个功能突出了它的主要局限性，即它只提供25个搜索词变体（search term variations）。还记得史蒂夫·约翰斯顿和我为保贝美设计的保险市场需求分类法中有多少搜索词变体吗？答案是850 000个。当聪明的初创公司们开始通过搜索数据的深度探索来寻找商业机会时，研究人员对谷歌趋势的依赖意味着他们只能被局限在浅滩之上。如果他们能用智情这样的工具深入研究，谁知道会搞出什么改变世界的发现！

---

*　著名的瑞典环保少女，青年活动人士、政治活动家和激进环保分子。——译者注
**　"反抗灭绝"组织是全球知名度最高、最激进的气候变化抗议团体。——译者注

跳投网（Jumpshot）的离奇倒闭

2020 年 1 月 30 日，大搜索数据分析受到了可怕的打击。在 PCMag* 和 Vice** 杂志报道涉嫌侵犯隐私后，反病毒软件提供商爱维士（Avast）宣布关闭其向科技和零售行业提供行为数据和分析的子公司跳投网。除了数字营销专家外，这条新闻对任何人都没有多大意义，但它对我们已经讨论过的问题产生了强烈的影响。

跳投网提供的数据使智情以及大量的像 Moz 和 SEMrush 这样的其他分析工具能够提供搜索智能的功能。在上一章中，我解释了能够收集搜索数据的公司类型。读者可能还记得，反病毒软件提供商就是其中的一个例子。事实证明，近年来智情越来越依赖爱维士反病毒软件收集的数据。跳投网的任务是匿名化这些数据，然后将其传送给智情。没有这个数据来源，智情的产品（包括搜索智能）就得停止工作。

跳投网的消亡影响非常大，这表明数据公司已经开始怀疑数字分析作为一种商业模式的可行性。跳投网没有违法或者违反 GDPR 等规定，它没有与客户共享任何个人身份信息，它所收集的数据汇总后都进行了匿名化处理。没有任何隐私专家公开表示，跳投网的业务存在对个人造成伤害的任何实质性风险。爱维士详细地向用户解释反病毒软件如何以及为什么共享数据，保证他们

---

* 美国著名的 IT 杂志。——译者注
** Vice 是一本主打青年亚文化的美国杂志。——译者注

有轻松选择退出的能力。然而,在监视资本主义理论的影响下,围绕数据分析的观念已经发生了巨大的转变,跳投网被逐出商业领域。而且,也不可能有新的替代供应商来填补他们留下的空白。

跳投网消亡带来的社会成本也是巨大的。跳投网和智情的数百名员工失去了工作,包括我的许多老同事;其他帮助小型电子商务零售商与亚马逊进行竞争的分析工具也步履蹒跚。美国国会使用跳投网数据来调查谷歌在搜索市场垄断行为的长期计划也无法继续。读者们应当记得,如果没有智情,就不会有滚动床,也不会有哈巴狗保险。保贝美和世界商店(现在是达内尔姆集团的一部分)都是成熟的企业,因此通常不会受到影响,但对于企业家来说,以同样的模式新建立的对社会有用的"长尾"企业("long tail" businesses)将更加困难。这类成本被经济学家称为"无谓损失",但我更欣赏科技作家本·汤普森(Ben Thompson)和詹姆斯·奥尔沃思(James All-worth)的感性说法:这是"所有未起步公司的无声哭嚎"。

此外,学术研究和政策制定中许多搜索数据的处女地都无法被继续探索。我已经研究出智情数据如何为LGBTQ纳入政策提供信息,以及它如何在提供庇护、选举改革和隐私权等领域增强竞选组织的效力。但可惜的是,这些项目都夭折了。

我并不认为应该迫使任何人违背自己的意愿被汇集到匿名搜索数据中,也不是说应该允许公司以不透明的方式收集数据。我担心的是,在没有对搜索数据进行权衡取舍之前,规则就已经被重塑。正如我们所看到的,大型科技公司对数据使用方式具有惊人的控制力,但保护隐私的浏览器和搜索引擎、虚拟专用网络、广告拦截器和加密消息服务也同样随处可见。对我们来说,阻止数据被收集已经相当简单了，但越来越多的人仍反对数据收集，认为默认设置应该改成将用户排除在数据收集之外。

为了默认排除可能产生的问题，我们可以分析器官捐献的例子。我想大多数人都会同意提高捐赠器官的可利用性是一件好事，但全世界各地对个人同意捐赠的做法各不相同。像西班牙这样默认公民参与捐赠计划的国家，其器官捐赠率通常高于德国等默认公民不参与器官捐献的国家，2017 年，西班牙人均器官捐赠数量是德国的 5 倍多。我不想夸大默认不同意与默认同意之间的反向因果关系，但我认为在这种情况下，考虑重新同意默认使用搜索数据和其他形式的行为数据是有意义的。通过允许匿名收集用户的搜索数据，并将其与世界各地数十亿其他人的数据进行聚合，每个人都在为更大的社会效益作出自己的贡献。可用的搜索数据越多越好，正如捐赠器官越多越好。因此，我认为，搜索引擎用户默认可以加入搜索数据池符合公共利益——就像西班牙、法国、意大利和（截至 2020 年春季）英国公民默认提供器官捐赠一样。

在跳投网关闭的那一周，全世界有超过 40 000 人感染了新冠病毒，数以百计的人失去了生命。这次疫情即将被宣布为流行病，感染者的死亡率似乎高达 2%。而谷歌趋势显示了全球对冠状病毒的关注开始激增的那一天是 2020 年 1 月 20 日。它还显示了世界上最关心它的地方：中国、新加坡、澳大利亚、加拿大和新西兰。但从谷歌趋势的前 25 个相关检索的有限数据中，我们了解不到多少信息，这些查询大多是针对"新冠病毒更新""新冠病毒症状"和"新冠病毒治疗"等内容的通用搜索。

在跳投网停止服务前的最后几天，我求助智情并下载了截至

2020年1月25日的4周内英国"新冠病毒"的搜索变体数据,其中共有3 664个不同的搜索查询。正如尼古拉·布拉加齐和他的团队在分析"寨卡搜索"时发现的那样,我可以看到信息需求,以及专家给出的建议和人们相信的信息之间的差距。在搜索结果中,不少于53条是"新冠口罩"的变体,尽管当时世界卫生组织建议,口罩只有在已经感染的人都戴上时才能有帮助。

最受欢迎的搜索排名第44的是"新冠日本",还有许多其他搜索"新冠+国家"的记录,其中以法国、泰国和马来西亚最为突出。我怀疑这些搜索是由那些计划度假和商务旅行并希望评估旅行风险的人进行的。29个搜索查询以猫为主,人们不仅想了解猫感染冠状病毒的症状,还想知道猫和人之间是否可能传播。这些问题并没有出现在公共卫生机构或我读过的新闻报道的建议中。

其他搜索凸显了错误信息的普遍性。在前200项搜索中,"新冠蝙蝠汤"有4种变体——这是指社交媒体上流传的一段虚假视频,里面称武汉海鲜市场的一家餐厅是病毒的发源地,但实际上它是2016年在密克罗尼西亚拍摄的。阴谋论似乎也很盛行,"新冠隐瞒"和"新冠人造"也跻身热搜榜前200名。总的来说,这是一个焦虑、偏执甚至恐慌的景象。

从智情下载搜索智能数据的几个小时后,我清楚地了解了英国民众对新冠病毒的看法。基于数百万互联网用户的样本,我知道了公共卫生官员需要强化哪些现有信息、解决哪些紧急问题以及消除哪些错误信息。想象一下,这些见解在负责控制疾病传播的人们手中将会变得多么强大。通过访问深度搜索数据,他们可以每天运行此类分析,获得沟通有效性和下一步行动优先顺序的实时信息。搜索数据可能成为应对未来所有公共卫生突发事件不可或缺的一部分，但如果没有跳投网，这一切就不会发生。

总结一下我在本书这一部分中提出的观点，我认为，允许你的搜索数据被收集、匿名化、与他人的数据聚合并进入公共领域对社会是一件益举。这是一个良好的数字公民行为，能促进科学进步、更好的卫生健康状况、新的消费品和经济发展。而囤积搜索数据不会给你带来经济利益，像智情和跳投网这样的公司确实从中获利，但这只是因为他们处理的是大数据，然后从中提炼出有用的信息。

我也想提出一个更大的概念：数据开放。不仅仅个人数据可以造福社会，公司和政府的数据也可以。现在社会上也逐渐出现一些改革，让企业家、创新者和研究人员能够使用过去被一些机构囤积的数据。

开放银行

这些发展趋势之一是开放银行。在最近旨在鼓励金融业竞争的监管下，欧洲、墨西哥、新加坡、中国香港和马来西亚的银行现在有义务让他们的客户与第三方分享他们的网上银行数据。虽然这听起来没什么大不了的，但却创造了一些振奋人心的可能性。

大多数人的金融账户分布在不同的提供商之间。你可能在汇丰银行有一个活期账户，在美国运通银行有一张信用卡，在当地建筑协会有一笔抵押贷款，在网上银行有一个储蓄账户等，这种分散性使得全面了解你的财务状况变得棘手。你确实可以不时将报表中的数据整理到电子表格中,但这些信息很快就会过时。这种现象使得人们很难找到省钱的机会;你的抵押贷款或储蓄余额可能实际上在另一个机构能获得更好的利率,但怎样才能找准时机呢?

2001年我开始从事金融服务业时,这个问题就已经广为人知,并且人们对解决方案充满了期待。在一个能自动推荐更好交易的地方查看你所有的金融账户,这种模式被称为"账户聚合"(account aggregation),或者"个人财务管理"。在接下来的20年中,许多公司都试图将这一愿景付诸实践,其中最著名的是薄荷网(Mint.com)。然而,它们都面临着一个无法逾越的障碍,那就是这些公司为了能够核对来自多个账户的数据,必须让客户交出他们所有网上银行登录的详细信息。这不仅增加了客户账户被黑客入侵的风险,还违反了大多数网上银行服务的条款和条件,这意味着客户因此遭受任何形式的财务损失都不能得到保护。结果,大多数账户聚合公司无法招募到足够的客户,该业务未能实行。

开放银行业务改变了这一切。现在有了一套允许安全共享网上银行数据的技术标准,各个机构创建个人财务管理应用程序的竞赛如火如荼。这些应用程序就像爱彼迎(Airbnb)的短租服务和优步(Uber)的打车服务一样为金融业提供服务。在这些应用程序中,一些应用程序侧重以更有益的方式可视化日常支出,一些应用程序在每个月底自动将盈余资金转入储蓄账户,另一些应用程序则使用贷款利率的信息源提醒用户注意更便宜的交易。通过不同的方式,它们让用户更清楚地了解个人财务状况。

但与更清楚地了解个人财务状况相比,能够匿名地与他人的账单进行对比更加有用。你的信用卡债务与其他同龄、从事类似工作、生活在类似地区的人相比如何？你的能源消耗情况如何？你是否比集镇的排屋中的其他人使用更多或更少的汽油？究竟应该优先考虑买新的双层玻璃还是还清信用卡欠款？

我在益百利的第一份工作是建立比较网站业务"减轻我的账单"（Lower My Bills）。虽然公司花了大量的时间建立起将人们的益百利信用评分与适合的贷款或抵押贷款进行匹配的精密算法，但用户最喜欢的功能反而是"比较我的账单"这个简单工具。作为获取他们的信用卡账单、能源账单、电话账单等信息的交换，用户可以查看他们与其他用户的比较情况。从技术上讲，"比较我的账单"功能是相当粗糙的，因为我们无法知道人们提供的数据是否正确，而且它也没有对准确性进行任何调整。只要共享一个邮政编码，住在宽敞别墅里的富有退休员工和住在狭小公寓里的年轻仓库工人都会看到同样的对比信息。尽管如此，这个功能还是大受欢迎。永不餍足地与他人攀比，似乎是人性的重要组成部分。

开放银行业有许多令人兴奋的发展机遇。与其费劲地寻找最近四季度的能源账单，或者试图从记忆中挖出信用卡平均还款额，通过填写一份"比较我的账单"的问卷，同意与开放银行应用程序共享匿名数据就可以让你自动查看自己与他人的比较情况。在这个对数据感到恐惧和悲观的时代，我们本能地尽可能减少数据的分享，但请想象一下了解我们的财务状况会带来什么好处——这可能会激励我们增加养老金缴纳，激励我们去处理一直被忽视的债务，或者让我们不再担心自己的所作所为。接纳数据开放是一切的关键。

此外，开放银行数据的可能性不仅限于个人金融应用程序。在8年前第一次见到史蒂文的那家咖啡馆里，我还遇到了某大型商业银行的数据战略主管佐伊（Zoe）。她告诉我，通过对银行客户卡交易数据的深入分析，识别出不同的消费行为，这能够用于辨别双相情感障碍（bipolar disoreler）患者的赌博成瘾和躁狂，因为这两种行为能在他们很明显的花费模式中显现出来。数据的背后隐藏着疾病的早期预警信号，这个功能甚至能提前三年预警相关行为的出现。没有人认为赌博上瘾是一个合理的假设，因此对于双相情感障碍患者来说，他们会欢迎更多能控制他们病情的支持手段。然而，如果能够利用数据分析来提供帮助，银行是否有道德义务必须采取行动呢？

　　如果佐伊采取行动，她将面临多方面的问题。第一，存在一些直观的商业考量，那就是为了赚钱，银行必须管理客户的信贷渠道，并不断审查透支和信用卡限额情况，以及计算未来无法偿还抵押贷款或借款的可能性。使用这些分析似乎不可避免地会导致被识别出的人群失去获得信贷的机会，因此这样的分析至少在短期内很难受到客户欢迎。

　　第二，佐伊还必须弄清银行该如何将发现传达给受影响的人。正如我们在第一章中看到的定向脸书广告一样，使用概率推断意味着在被识别的客户中存在"误报"。想象一下，在你登录手机银行应用程序时，突然弹出一条信息，上面写着"我们认为你有双相情感障碍，可能会有躁狂发作，请问你是否需要帮助"。这可能会被那些确实患有此病的人视为对隐私的严重侵犯，而被那些没有患此病的人视为冒犯。佐伊考虑过不公开地推送消息，而是悄悄地在银行网站上添加一个页面的链接，并在链接的页面中解释如何预先设定现金取款限制或阻止特定零售商的信用卡提取。这可能是一个更好的选择,但目前方案还是缺少透明度。

第三,银行的监管和声誉风险很大。不管佐伊是否出于好意,金融行为管理局都可能认定她在试图利用弱势客户;记者们也可能会疯狂煽动"大公司在利用客户的个人隐私"的观点,并激起公众的愤怒情绪。因此,虽然佐伊能够洞察到赌博和双相情感障碍等问题,但仍然无能为力。现行规则意味着,拥有数据驱动业务的公司袖手旁观会更安全。

幸运的是,开放银行业务可以带来改变。第三方机构使用银行的 API(即进入卡片交易数据的管道)来构建专门的应用程序,而不是在人们浏览账单或常规订单时对用户福利进行拙劣的推送营销。像曼德(Mind)这样的心理健康慈善机构可以为双相情感障碍患者提供援助;赌博关怀机构(GamCare)可以为有赌博风险的人提供类似帮助。然而,这些想法的有效性再一次取决于人们是否愿意为了更大的社会利益而匿名提供数据,以及银行是否会超越开放银行法规对其提出的最低要求。

我以前从来没见过佐伊本人,但我很熟悉她们这类人:精力充沛、乐观、渴望突破极限。这种人经常出现在大公司的战略、创新和新产品开发部门;在公共部门和第三部门组织中也存在这类有见识的人,但他们的见解往往与前者有些不同。

以科技公司有权(entitledto)的联合创始人菲尔(Phil)为例,他的公司是英国软件工具的主要提供商之一,可以让人们在政府、住房协会、慈善机构和省钱网站上了解自己是否有资格享受福利以及自己的借贷能力。这是一项非常有价值的服务,每年有数百万人使用它并产生大量关于家庭组成、残疾、护理、特殊教育需求、儿童保育安排、英语技能、就业、收入、住房和无家可归者，租金和抵押付款、储蓄、养老金、债务和欠款、互联网使用、吸毒和酗酒、家庭暴力、庇护等数据。我简直难以想象这些数据可能包含的巨大价值，以及数据科学家对其进行分析可能揭示的相关性。它也许能揭示无家可归与军队服役之间的关系？或者抚养责任和负债水平之间的关系？抑或残疾人的工资差距？这些数据也可以成为收入来源。比如说，通过向共有财产、信用合作社或选定的天然气和电力供应商提供线索，可以让它们为新的软件开发提供资金，或者为有权公司现有工具的用户提供更好的服务。

菲尔的创意非常丰富，但按照这些想法行事是危险的。GDPR声称将对违规行为处以高达 2 000 万欧元的罚款，而破坏用户隐私的名誉损害处罚也同样严重。尽管有权公司不能获取用户的姓名或电子邮件地址等个人身份信息，但有价值地使用这些数据的风险仍然太大。如果一个了解隐私立法并与监管机构有良好关系的公司内部法务与合规团队能够给菲尔法律保障，那么菲尔可以挖掘出数据更多的潜力。但是就像很多小机构一样，有权公司负担不起这笔内部法务与合规团队的支出。因此，与数据开放和其致力于让世界变得更美好的期待相反，目前数据只是被全新地储存在服务器里。

开放数据

我希望开放数据运动的发展有助于改变这种状况。尽管听起来相当宽泛,开放数据通常指的是政府和其他公共部门组织提供的可重复使用的数据,任何人都可以不受任何限制地使用它。在公布数据之前,组织可能会对第三方使用这些数据带来的效益进行估计,但这并不是他们的主要动机。相反,开放数据与开源计算、开放存取研究有着相同的哲学基础,即将信息视为一种共同利益,是实现人类进步的最佳方式。在默认情况下,数据就应该是开放的、每个人都可以利用的,只要他们通过贡献自己的数据来进行回报。毫不意外,开放数据一直是公共部门组织面临的挑战,因为他们的惯例是把数据囤积作为维持影响力手段或者(如菲尔的案例)是将风险降至最低的方法,而开放数据要求完全改变这一惯例。

那么,开放数据在现实世界中能带来什么好处呢?最明显的是,它为公民在政治决策、公共支出和机构绩效方面创造了更大的透明度。许多国家都在处理贪污腐败的遗留问题;在这些情况下,开放数据计划可以帮助政府重建公众信任并追究官员的责任。例如,柬埔寨开放发展组织是一个提供关于劳工和工业的经济指标,以及关于人口、土地使用、基础设施、司法和发展援助数据的在线门户网站。柬埔寨公民可以访问该网站,记者和非政府组织也可以利用该网站强调大规模的糖业计划导致农民大规模流离失所等问题。在其他地方,开放数据项目使公民能够在教育和卫生方面作出更明智的选择,为他们要求政治代表作出改进的言论提供有力的证据支持。在墨西哥,比较不同学校表现的网站"改善你的学校"(Mejora tu Escuela)每天有超过 40 000 人访问。在乌拉圭公私混合的医疗保健系统中,开放数据驱动服务"为您效劳"(A tu

Servicio)允许公民比较不同提供者的绩效。在所有这些情况下，开放数据阻止了知识集中在政府和公共部门机构，而广泛地被公众所了解。正如俗话所说，知识就是力量。

开放数据的另一个没那么明显的好处和新型私营企业有关。你也许听说过城市地图（Citymapper）这款集成了各种交通工具数据的巧妙应用程序。它使人们能够轻松地在那些不熟悉的、混乱的城市中穿梭。城市地图不仅会告诉你从 A 到 B 的最佳方式，还会让你随时了解到站时间、下一辆公交车到达时间以及最近的付费自行车或踏板车的位置。但大多数人不知道的是，开放数据是城市地图存在的基础。根据该公司前总裁奥米德·阿什塔里（Omid Ashtari）的说法，开放数据是该服务的"基本支柱"。正是因为交通部门提供了可靠的公共交通数据源，所以被商业驱动的开发商才能够设计和构建出行规划应用程序。以前，当数据被囤积时，应用程序只能由交通部门自己开发，而他们往往缺乏有效开发的技能和资源。

城市地图是私营公司利用开放数据改进现有服务类型的有效例子。开放数据也为全新业务铺平了道路，这些服务是公共部门组织从未有能力建设、甚至从未想到过的。在线房地产门户网站"妥善安家"（Properati）使用开放数据帮助人们以意想不到的方式找到下一个家。布宜诺斯艾利斯的花粉热患者可以使用"妥善安家"的应用程序，利用当地政府林地普查的数据避开花粉生成最多的地区。在包括柏林和旧金山在内的 5 个城市里，"我住哪儿"（Place I Live）程序以类似的方式使用了体育设施数据，你只需轻轻一点，就可以找到最近的乒乓球桌、武术俱乐部并驾驶到任何一个地方。这些支持开放数据的服务丰富了我们每天所处环境的体验感。

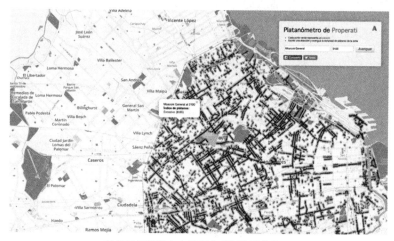

普罗佩拉蒂的布宜诺斯艾利斯花粉热地图

开放数据创造现实世界效益的第三种方式是通过学术研究和基于开放数据产生的公共政策创新来实现。一个著名的例子是由经济学家拉吉·切迪(Raj Chetty)领导的哈佛大学机会洞察小组(Opportunity Insights group)。切迪和他的团队利用数百万公民的匿名人口普查申报表和税务记录证明,"美国梦"的社会流动性正在消失。1980 年出生的孩子在 35 岁时有 50% 的机会比他们的父母挣更多的钱,与 1940 年出生的孩子有着 92% 的机会相比大幅下降。与此同时,常春藤大学招收的来自最富有的 1% 家庭的学生比来自最贫困的 60% 家庭的学生更多。此外,还存在明显的种族和地理不平等。出生在富裕黑人家庭的男孩最终贫穷的可能性是出生在富裕白人家庭的男孩的两倍多。北卡罗莱纳州夏洛特市最贫困的 20% 家庭的孩子成年后进入最富裕的 20% 家庭的几率仅为5%,同等条件下,盐湖城贫困儿童进入富裕家庭的几率则高出一倍多。小时候居住的街道也会对未来产生巨大影响。在加利福尼亚州奥克兰市,弗鲁特维尔车站附近长大的男人有70%的机会进监狱;而几英里外的圣莱安德罗,这种可能性低于5%。在美国,人生际遇在很大程度上取决于出生的偶然性,这使得该国的精英主义化程度更加突出。

机会洞察小组不仅对强调美国的不平等问题感兴趣,还致力于探索解决方案。很明显,童年时期搬到一个更好的社区对一个人未来的收入有很大的影响。这表明,通过向贫困家庭发放住房券,让他们有条件搬到机会较高的社区,可以减少不平等现象。机会洞察小组正在西雅图地方当局进行试点。

另一项发现是,目前成为发明家和申请专利有两个必要条件:先天能力(用三年级数学考试成绩进行衡量)和富有的父母。切迪估计,如果教育政策能够释放贫困人口被忽视的潜力,高智力儿童可以使美国的创新率翻两番。更重要的是,机会洞察小组愿意将发现授权给其他研究人员和决策者。遵循开放数据的原则,其成果和数据集可在官方网站上下载和使用,切迪为哈佛学生设计的经济学入门课程讲座也可在油管上免费观看。

机会洞察小组的研究还产生了许多其他有趣的故事,你可以去体验一下他们的交互式在线可视化工具机会图集(Opportunity Atlas)。但我最想强调的一点是,机会洞察小组的研究取决于匿名税务记录数据的可用性。如果切迪和他的同事们因为个人和家庭可能被重新识别的隐私问题而无法访问数据,他们就不可能洞察到经济不平等。在可选择的现实世界里,亚马逊和奈飞能成功使用大数据分析来完善家庭娱乐推荐,但改善社会流动性的决策被迫停滞在模拟时代。

我们可以选择自己想要生活在什么样的世界里。我们可以选择目前正在加速发展的世界,在这里,隐私被视为人类的最高权益。在这里,我们将庆祝跳投网的消亡,并对互联网搜索数据在创建时就被删除感到满意。我们希望佐伊这样的银行员工只把目光聚焦在金融领域,希望他们如菲尔这样的公共部门和第三部门同行,畏惧承担使用个人数据来实现创新的惩罚性后果。我们将阻止研究人员访问税务记录数据作为原则性标准,毕竟那里有我们最敏感的信息。

抑或者,我们可以选择我在本章中所描述的数据开放的世界。它带来了一些隐私的权衡取舍,比如默认选择共享我们的匿名数据。这也可能带来一些伤害的风险,因为在某些情况下,确实可以从个人的行为数据中找出个人的身份。但更重要的是,我们能从数据开放世界中充分获益。

针对新冠病毒的搜索数据

随着新冠肺炎疫情的爆发,我开始考虑如何为应对它作出自己的贡献。一位段子手在推特上写道:"如果在科技行业工作的你想知道能做些什么来帮助应对新冠肺炎病毒。你唯一能做的就是:洗手 20 秒,咳嗽时使用纸巾咳嗽,以及不要老是摸自己的脸。"虽然这个梗很好玩,但我不同意其中潜藏着的普通人应该让免疫学家和流行病学家独自对抗病毒的观点。

我的朋友埃德(Ed)创建了《新冠病毒技术手册》这个开放和开源的信息、工具和资源库,它类似于新冠病毒的维基百科。我想,我至少可以把从智情下载的数据发布出来,这样有意愿的其他研究人员就可以充分利用它。

之后我想起可以尝试在"回答公众网"平台上联系索菲·科利,询问他们是否会考虑收纳冠状病毒和新冠病毒(Covid-19)的检索词变体数据。索菲立刻回复我了一个谷歌工作表的链接,里面包含了几个月来她每天收集的多个国家数据。"回答公众网"根据用户在搜索框中键入的第一个单词自动填充谷歌搜索建议,反映了谷歌对用户可能要查找内容的预测。它使用的数据没有智情搜索智能(Hitwise Search Intelligence)那么深入,但与谷歌趋势相比更能突出用户想法的细节。

更妙的是,索菲也在做自己的新冠病毒分析研究。通过跟踪以"我应该……"开始的搜索数据,她注意到了英国公众的担忧随着时间的推移是如何演变的,从"我应该去意大利旅行吗?"和"我应该关闭我的公司吗?"到"我应该取消家庭聚会吗?"和"我应该剪头吗?"基于她的想法,我在"回答公众网"的数据中检索了"冠状病毒能……?"的数据,以下是最热门的三个问题:

1. 冠状病毒能在食物上生存吗?

2. 冠状病毒能在纸上生存吗?

3. 冠状病毒能在硬纸箱上生存吗?

这些问题立刻引起了我的共鸣。我一直在用肥皂和水清洗新鲜的水果和蔬菜。如果可能的话,在打开之前我会把它们留在楼梯下的"去污区"72小时。尽管成本与风险不成比例,但在没有明确的公共卫生建议的情况下,这似乎是一种明智的预防措施。更有甚者,我的父亲坚持在阅读周日报纸之前先在烤箱里低温加热它。

在两个月前的1月份,智情数据中出现了包装和食品传播相关的问题,这给我留下了深刻印象。数据显示几个月来,这些公众主要关注的问题在政府和NHS网站上几乎没有任何相关信息。相反,谷歌的最热门搜索结果来自《卫报》等新闻媒体,甚至来自心动电台(Heart FM)的网站。新闻业的竞争激烈导致了这一现象的发生,该行业的数字营销人员习惯于每分钟更新网站内容,利用从搜索数据中获得的见解来获得流量。虽然公共部门网站通常不需要承担此类责任,也很难被指责为失败。但结果就是,英国最权威的消息来源对最受关注的公共卫生信息问题持续保持沉默。

有时,这些信息的空白会被谣言和阴谋论填补。值得赞扬的是,微软开始从必应搜索发布新冠病毒搜索数据,并提供了研究人员能够轻松地进行独立分析的数据格式。我下载了他们的数据集,寻找有关公共卫生信息的搜索,这样就可以对苏菲和我从"回答公众网"的数据中的发现进行补充。但很快,一些意想不到的事分散了我的注意力:对5G的搜索。在英国,发生了一系列针对手机信号塔的纵火袭击事件,袭击者认为5G的辐射导致了新冠病毒的产生,尽管这些想法并未被证实。必应的数据显示,在5G新冠病毒阴谋论的搜索量方面,英国与加纳、尼日利亚、南非和津巴布韦位于世界前五名。搜索结果还提供了一些引人入胜的具体故事,其中几条是名人为5G阴谋论背书的发言,另一个则是沃达丰前员工上传的病毒视频，他声称比尔·盖茨计划使用新冠病毒疫苗为人类植入追踪芯片。新闻中有许多关于新冠病毒"信疫"* 危害的讨论，但至少，利用必应的数据集，我们可以把握哪些误导性信息亟须被辟谣。

即使缺少智情的新数据，这些发现表明我以提高研究人员对搜索数据源认识的研究是有价值的。随着我从必应下载的数据、索菲从"回答公众网"获得的数据以及智情的旧数据集，《新冠病毒技术手册》有了一个新的"信息流行病学"章节。我决定开始宣传这些内容。

我给以前使用谷歌趋势数据发表过公共卫生问题相关研究报告的学者们发了电子邮件，向他们介绍手册中的数据集。第一个答复的是伦敦大学学院计算机科学家比尔·兰波斯（Bill Lampos），他正在研究新型冠状病毒疾病爆发的谷歌搜索模型。从疫情爆发最严重的意大利开始，比尔和他的团队已经找出了哪些症状的相关搜索最能预测疾病的传播。之后在另外 7 个国家，该模型在官方统计数据出炉的 17 天之前就成功预测了病例数量。很明显，在测试能力有限的情况下，比尔的模型具有巨大的潜力。

我们开始交换关于在搜索数据中看到的最显眼信息的观点。我们都注意对嗅觉丧失的搜索急剧增加，这似乎能证实，那些自我怀疑感染并且嗅觉和味觉失灵的人并非庸人自扰，而是确实感染了新冠。此时已是 3 月中旬，政府的指导方针仍只将持续干咳和高温作为感染的关键指标，但比尔的模型显示，嗅觉缺失的相关检

---

* "信疫"是指过多的信息反而导致人们难以发现值得信任的信息来源和可以依靠的指导，甚至可能对人们的健康产生危害。——译者注

索更能预测实际病例。一周后,伦敦盖伊和圣托马斯医院(Guy's and St Thomas's Hospital)的克莱尔·霍普金斯(Claire Hopkins)和阿比盖尔·沃克(Abigail Walker)医生报告说,他们发现来耳鼻喉科就诊的突然失去嗅觉的患者数量大幅增加。与咳嗽或发烧不同,嗅觉丧失是非常罕见的,从临床的角度来看,他们确信这是一种未被认证的新冠病毒症状,搜索数据和医学专家都支持这一观点。

大约在同一时间,我发掘了交互式工具"新冠在线搜索网"(Coronasearch.live),它可以实时可视化互联网用户对新型冠状病毒的搜索。它不仅能显示搜索词的变化,还能将搜索结果绘制在地图上,并提供了有关搜索来源的人口统计信息。更妙的是,它是用谷歌数据工作室构建的,这意味着任何人都可以公开获取。这些数据比谷歌趋势提供的数据更丰富、更颗粒化,一时间我很好奇这些数据是如何提取的。当我和索菲聊起这件事时,她发给我"新冠在线搜索网"创建者帕特里克·柏林奎特(Patrick Berlinquette)以前项目的链接,这些项目以创造性和对社会有用的方式使用谷歌广告。帕特里克在谷歌的拍卖会上竞拍"哪里可以找到海洛因"和"我想炸掉我的学校"等搜索词,目的是正确引导那些即将犯错的人,生成的数据也能帮助他们发现最需要公共卫生干预的地方。现在,他正在新冠病毒领域应用同样的方法,提供通常只有广告商才能访问的谷歌数据。

令我非常感兴趣的是,帕特里克并不是一名学术研究人员。与利用搜索数据预测家庭暴力发生率的索菲和艾娃·库塔涅米一样,他也是一名数字营销人员,在纽约拥有一家为商业客户提供服务的公司。通过把在谷歌广告方面的专业知识与在公益事业中发挥自己长处的愿望相结合，他建立了一个完全原创的搜索数据方法。

我联系上帕特里克，告诉他我在手册中添加了"新冠在线搜索网"，结果发现他和我一样，也在跟踪嗅觉失灵的搜索数据，并参考了塞思·斯蒂芬斯·达维多维茨在《纽约时报》的专栏，其中重点提到谷歌症状搜索数据可以被用于识别新的新冠病毒爆发的热点。帕特里克向我展示了他正在研究的一个在美国 250 个城市描绘嗅觉缺失搜索热力图的新工具，它后来正确地预测了美国位于太阳地带*各州在封控限制放宽后新冠病毒的复发。但让我激动的是，我看到了帕特里克的工具在卫生基础设施和检测能力较弱的国家的更大潜力。

我一直在读坦桑尼亚的防疫报告，该国政府似乎不停在否认这次疫情的严重性。除了积极鼓励群众大规模聚集外，该国总统约翰·马古富力（John Magufuli）还公开嘲笑新冠病毒核酸检验的无效，声称山羊和木瓜的核酸检验呈阳性。但与此同时，社交媒体上分享的视频片段显示，医院人满为患，身穿军装和防护装备的男子在夜间掩埋棺材，坦桑尼亚议会的三名议员突然死亡。同时，谷歌趋势显示，除了正在爆发毁灭性疫情的厄瓜多尔外，坦桑尼亚的嗅觉失灵搜索的人均数量比任何地方都要多。

我建议帕特里克尝试构建一个坦桑尼亚版本的工具。由于坦桑尼亚的谷歌使用率低于美国，斯瓦希里语比英语使用更为广泛，

---

* 美国的南部地区由于其低廉的房价吸引人口的大量迁入，随着人口的迁移以及当地丰富的能源、农业资源，吸引着美国新兴工业在南部的布局，从而形成了美国三大工业区之一——南部工业区，我们称之为美国的"阳光地带"。——译者注

因此我们不能确定工具是否会正常运转。但实际上,我们最终得出的结果仍是非常强有力的。

　　5月9日,坦桑尼亚停止报告新冠肺炎统计数据,新冠病毒感染人数的数字停止在了509。不久之后,约翰·马古富力宣布该病毒已被击败。然而在那一周,帕特里克的数据显示,每天大约有130人在谷歌上用英语搜索嗅觉丧失症状。在一位会说斯瓦希里语的坦桑尼亚政治顾问埃瓦里斯特·查哈利(Evarist Chahali)的帮助下,帕特里克估计嗅觉失灵搜索的总数量每天超过1 500次。我们还可以看到,疫情不仅限于坦桑尼亚最大的城市达累斯萨拉姆(Dares Salaam),人均搜索嗅觉丧失率最高的是位于首都北部的城市阿鲁沙(Arusha)和首都多多马(Dodoma),而首都多多马也就是三名议员神秘死亡的地方。帕特里克为坦桑尼亚开发的工具除了提供公共卫生机构和救援组织未来可能使用的数据外,还凸显了搜索数据的另一个优势:与官方统计数据不同,政府不能为了自己的政治需要而篡改这些数据。

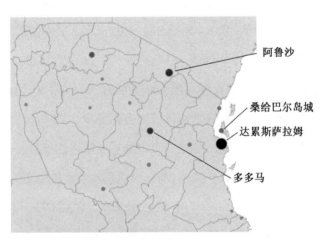

坦桑尼亚的嗅觉缺失谷歌搜索,2020年5月13日前七天。

为了让更多的人了解这些发现，我开始为贝内特公共政策研究所（Bennett Institute for Public Policy）撰写博客，其中有两个关于搜索数据的重要问题不断被询问。首先，人们想知道我们是如何确定寻找症状不只是人们好奇或疑病的结果。有很多媒体报道呼吁将嗅觉失灵确认为新冠病毒的症状，这确实推动了谷歌搜索活动的飙升。但我的回答是，有不同的方法来应对这个问题。比尔在他的模型中使用了自回归统计技术，该技术考虑了媒体报道的偏差效应，从而调整了预测。与此同时，帕特里克只是从他用来生成数据的谷歌广告活动中排除了泛化搜索查询，以及包含新冠病毒关键词的查询。因此，搜索"我闻不到""失去嗅觉"和"当你闻不到"都在他的工具收集范围之内，但搜索"嗅觉缺失"和"嗅觉丧失新冠病毒"则不在他的范围之内。

其次，仍记得谷歌流感趋势（Google Flu Trends）失败的人想知道为什么这次情况会有所不同。谷歌流感趋势于 2008 年推出，是第一个信息流行病学工具，也是至今最广为人知的工具。它由谷歌的数据科学家建立，使用搜索数据预测美国的流感病例，结果比疾病控制中心（CDC）的报告提前两周。直到 2013 年前它的工作都非常出色，但之后它预测的流感病例数量开始远高于 CDC 实际看到的数量，并导致谷歌最终将其关闭。

为什么会这样？发表在《科学》杂志上的一篇学术评论提出了几个原因。一个因素是人们的搜索行为随着时间的推移而发生了变化，其中许多是谷歌不断调整其搜索算法以提供更有用结果的行为导致的。例如，2011 年谷歌推出了第一个版本的"人们也会问"（PAA）功能，提供谷歌用户可能想尝试的相关搜索的联想，谷歌搜索的不断变化导致了谷歌流感趋势模型并不稳定。另一个原因是统计学家称之为"过度拟合"的行为,即模型过于复杂,试图解释数据集中的所有变化。在谷歌流感趋势的早期版本中,数据科学家在他们的模型中使用了关于高中篮球的搜索,因为在前几年,这种搜索与疾病预防控制中心的流感病例数密切相关。但是,对此有一个简单的解释:就像流感一样,高中篮球确实发生在一年中的某个特定时间。正如《科学》中的文章所说,谷歌流感趋势"部分是流感探测器,部分是冬季探测器"。流感病例可能与篮球搜索存在相关性,但并不存在因果关系。

这种批评可能看起来像是对搜索数据的谴责。事实上,在推特上发布在研究中使用搜索数据的信息引起的人们怀疑和不屑一顾的回复中总是会提到谷歌流感趋势。那么,这是否影响了比尔和帕特里克利用搜索数据来追踪新冠病毒的传播模型?答案是一点也不。在我看来,从谷歌流感趋势的失败中得出的最有帮助的结论是,并非搜索数据分析不可靠,它应该是对传统方法的补充而非传统方法的代替。正如《科学》中一篇文章的作者所说:"通过结合谷歌流感趋势和落后的疾控中心数据……我们可以大大改善谷歌流感趋势或疾控中心的表现。"换言之,即使是对谷歌流感趋势最著名的批评者也认为,添加搜索数据可以改善疾控中心的模型。从长远来看,对嗅觉和其他症状的搜索可能不是预测新冠病毒模型的最佳基础,但在迫切需要与其他数据源进行交叉比对且存在很高风险的当下,搜索数据的模型是合理的。

在撰写本书时,比尔的模型已被英国公共卫生部采用并出现在每周的报告中。他还与微软的研究人员合作,利用必应数据预测英国地方政府层面的疫情——由于成本高昂，用于监测传染病疫情的传统方法无法做到这一点。

英格兰公共
卫生局

新冠病毒监测周报
对新冠病毒监测系统的总结

图15：英格兰的新冠病毒感染症状的常规化谷歌搜索得分（对媒体诋毁加权后得分与历史趋势）

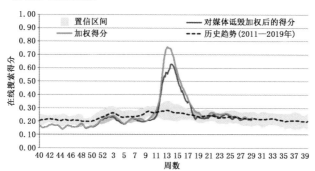

比尔·兰波斯以谷歌搜索为基础的模型研究成果出现在
英国公共卫生部门新冠病毒报告中

搜索数据还显示，新冠病毒大流行期间的封控对公民福利产生的影响并不像人们普遍担心的那样糟糕。随着英国第一次全国性封控持续到5月底，人们常常把对迫在眉睫的心理健康危机的担忧作为放松限制的理由。早春的一场热浪过后，天气变得更糟，参加周四晚上"为医护人员鼓掌"（Clap for Our Carers）的人越来越少。然而，我在谷歌趋势数据中注意到了一些令人惊讶的事情。在封控期间，英国与抑郁症相关的搜索似乎比2019年同期低20%。出于好奇，我将这一发现发送给了我在贝内特研究所的同事、政治学家罗伯托·福阿（Roberto Foa）和经济学家马克·法比安（Mark Fabian），他们都是从统计学角度衡量幸福感的专家。

罗伯托意识到只依托搜索数据存在缺陷，便开始寻找经过验证的数据源去证实谷歌趋势所体现的现象。事实证明,自 2019 年 6 月以来,舆观调查网(YouGov)每周都会向约 2 000 名代表性样本询问他们的情绪。尽管这项调查仅限于英国,但如果其数据显示出相同的模式,我们可以自信地从谷歌趋势的数据中得出关于其他国家封控对心理健康影响的结论。

我们首先将舆观调查网询问的每个情绪状态的数据与谷歌趋势中的相应主题进行比较,看看它们之间的关联程度如何。我们发现谷歌趋势在测量快乐、满足感、活力、理性和乐观等积极情绪方面没有多大用处,而分析谷歌的机器学习算法与这些情绪相关的搜索词则能解释其中的原因,那就是谷歌趋势中存在很多误报,他们会认为搜索"开心乐园餐"和"生日快乐"意味着幸福。但当谈道负面情绪时,谷歌趋势表现得非常好。搜索压力、无聊、沮丧、悲伤、恐惧和冷漠的数据都和舆观调查网的数据高度相关。当我们将负面情绪编入索引时,舆观调查网的调查数据与谷歌趋势的搜索数据几乎完全吻合。

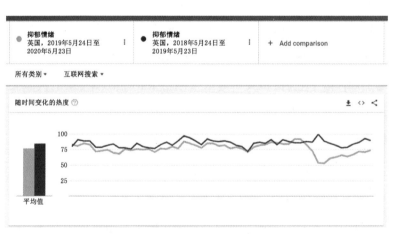

谷歌搜索抑郁情绪的数据:2019 年 5 月 24 日至 2020 年 5 月 23 日(浅灰色线)与 2018 年 5 月 24 日至 2019 年 5 月 23 日(深灰色线)对比图

所有的数据都指向了一个意想不到的结论,即总体而言,封控有益于人们的福祉。马克意识到此前的研究将新冠病毒大流行的心理健康影响与封控的心理健康影响混为一谈,因为他们缺少从大流行开始到封控开始这一时期的相关数据。相比之下,我们对一年的数据分析揭示了事件的真实顺序,那就是世界各地新冠病毒爆发和死亡人数的不断升级,导致人们的心理健康在 2020 年 2 月和 3 月期间急剧下降。但是,一旦实施封控,人们的心理健康就开始改善,在封控政策放宽之前甚至几乎恢复到疾病大流行前的状况。舆观调查网和谷歌趋势的数据都显示,在 3 月 23 日宣布全国封控后仅仅三天,英国公众的负面情绪就出现了峰值,随后迅速下降。谷歌趋势的数据显示,从加拿大、印度到澳大利亚,各个国家的情况都很类似。

图 4:调查和谷歌趋势序列的比较,2019 年 6 月至 2020 年 6 月

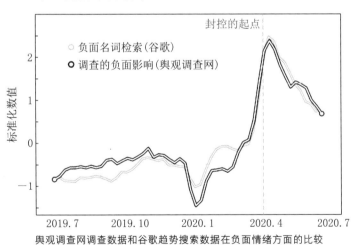

舆观调查网调查数据和谷歌趋势搜索数据在负面情绪方面的比较

通过使用搜索数据来补充传统的研究方法,我们已经证明,虽然有很好的理由避免用封控来应对未来的新冠病毒的爆发,但对

心理健康的担忧并不在其中。与城市地图和机会洞察小组一样，如果没有数据开放性，我们的研究就不可能实现。

图 5：负面影响的搜索指数和封锁：国家间的对比

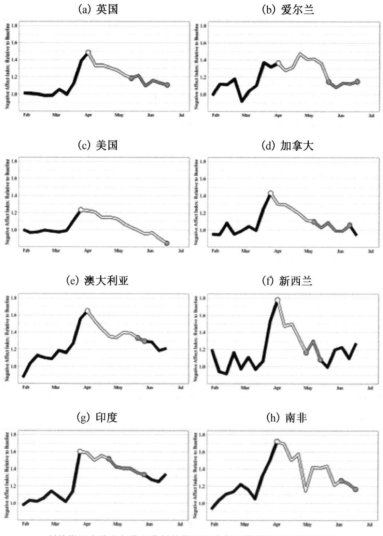

封控期间白线和灰线和非封控期间黑线负面情绪的谷歌搜索数据

备注：负面影响的谷歌趋势指数的跨国比较。所有国家都是与其新冠流行前的基线时期（1 月 15 日至 2 月 15 日）相比。白线表示完全封锁，灰线表示部分封锁，封锁、部分放松和恢复工作的日期在附录表 A2 中。

注 释

1. 戴安娜的著作是 *GDP：A Brief but Affectionate History*，Princeton University Press，Princeton，2014。

2. 谷歌趋势可以用来重现 R 和 MATLAB 的比较，参见 https://trends.google.co.uk/trends/explore?date = all&geo = GB&q = %2Fm%2F0212jm，%2Fm%2F053_x。

3. 索菲·科利使用回答公众网数据的博客参见 https://searchlistening.com/。

4.《人人都在撒谎》中的例子见 Stephens-Davidowitz，S.，（2018），Kindle edition，Loc 210，1361ff，1614。

5. 由尼古拉·布拉加齐撰写或合作撰写的学术论文有：

- Alicino，C.，Bragazzi，N. L.，Faccio，V. et al.，"Assessing Ebola-Related Web Search Behaviour：Insights and Implications from an Analytical Study of Google Trends-Based Query Volumes"，*Infectious Diseases of Poverty*，4，54，2015.

- Bragazzi，N. L.，Alicino，C.，Trucchi，C.，Paganino，C.，Barberis，I.，Martini，M.，et al.，"Global Reaction to the Recent Outbreaks of Zika Virus：Insights from a Big Data Analysis"，*PLoS ONE*，12(9)，2017，e0185263.

- Bragazzi，N. L.，Bacigaluppi，S.，Robba，C.，Siri，A.，Canepa，G.，Brigo，F.，"Info-demiological Data of West-Nile Virus Disease in Italy in the Study Period 2004—2015"，*Data in Brief*，Vol.9，2016，pp.839—845.

- Bragazzi，N. L.，Tramalloni，D.，Valle，I.，"The Angelina Jolie Effect and the Increase in the Breast Cancer Screening-Related Internet Activities"，*European Journal of Public Health*，Vol.25，Issue suppl_3，2015.

- Bragazzi，N. L.，"A Google Trends-based approach for monitoring NSSI"，*Psychol Res Behav Manag*，Vol.7，2014，pp.1—8.

- Bragazzi，N. L.，Dini，G.，Toletone，A.，Brigo，F.，Durando，P.，"Leveraging Big Data for Exploring Occupational Diseases-Related Interest at the Level of Scientific Community，Media Coverage and Novel Data Streams：The Example of Silicosis as a Pilot Study"，*PLoS ONE* 11(11)，2016，e0166051.

6. Eeva Koutaniemi and Elina Einiö's 的论文是 Koutaniemi，E. M.，and Einiö，E.，"Seasonal Variation in Seeking Help for Domestic Violence Based on Google Search Data and Finnish Police Calls in 2017"，*Scandinavian Journal of Public Health*，2019。

7. 研究自然灾害期间疏散搜索的预录用论文是 Yabe，T.，Tsubouchi，K.，Shimizu，T.，Sekimoto，Y.，Ukkusuri，S.，（2019），"Predicting Evacuation Decisions using Representations of Individuals' Pre-Disaster Web Search Behavior"，*KDD*，August 2019。

8. 关于搜索数据被用于预测移民模式的例子，参见 Böhme，M. H.，Gröger，A.，Stöhr，T.，"Searching for a Better Life：Predicting International Migration with Online Search Keywords"，*Journal of Development Economics*，Vol.142，2020，102347。

跳投网(Jumpshot)的离奇倒闭

1. 隐私专家可能会指出，没有真正的"匿名"数据，而我实际想指的是"无法定位"的数据。随着时间的推移、数据集的积累和正确的专业知识，理论上确实有可能从某人的行为数据中找出他的身份。然而，在实践中，这是一件非常不经济的事情，所以没有人会这样做。

2. 关于跳投网倒闭的详细信息，参见 Koebler J.，"Avast Antivirus Is Shutting Down its Data Collection Arm，Effective Immediately"，*Vice*，30 January 2020。

3. 关于跳投网关闭的讨论，包括对其他分析公司的影响和对谷歌的反垄断行动，参见 "Avast's Shutdown of Jumpshot Will Harm the Web and the World"，https://sparktoro.com/blog/avasts-shutdown-of-jumpshot-will-harm-the-web-and-the-world/。

4. 爱维士在其用户论坛（https://forum.avast.com/index.php? topic = 171725.0）和博客（https://blog.avast.com/2015/05/29/avast-data-drives-new-analytics-engine/）中公开讨论了其收购跳投网对隐私的影响。

5. 本·汤普森和詹姆斯·奥尔沃思的这段话来自他们的播客 Episode 148 of their podcast Exponent，"Facebook Fatigue"，22：39。

6. 关于各国的器官捐赠率，参见 Arshad，A. et al.，"Comparison of Organ Donation and Transplantation Rates between Opt-Out and Opt-In Systems"，*Clinical Investigation*，Vol. 95，Issue 6，2019，pp.1453—1460。

开放银行

1. 更多关于开放银行应用程序的例子，参见 Warwick-Ching，L.，"Open Banking：The Quiet Digital Revolution One Year On"，*Financial Times*，10 January 2019。

开放数据

1. 许多开放数据的例子都来自《开放数据手册》（https://opendatahandbook.org/value-stories/en/business-and-open-data/），以及开放数据研究所的"知识与意见"资源，引用自城市地图，参见 https://theodi.org/article/citymapper-exec-utive-to-governments-open-more-data-so-we-can-improve-your-cities。

2. 城市地图的统计数据来自 Arianne Cohen's profile of Azmat Yusuf，"The Guy Making Public Transit Smarter"，*Bloomberg Businessweek*，26 March 2018。

3. 更多关于开放数据在柬埔寨的作用，参见 Pilorge，N.，Yeng，V. and Eang，V.，"Think of Cambodia Before You Add Sugar to Your Coffee"，*Guardian*，12 July 2013。

4. Properati's悬铃木应用程序可以从 https://blog.prope-rati.com.ar/properati-tools/下载，布

宜诺斯艾利斯树木普查数据参见 https://data. buenosaires. gob. ar/dataset/arbolado-publico-lineal。

5. 机会洞察的互动工具、数据集、报告和视频讲座参见 https://opportunityinsights.org/。杰夫·梅维斯(Jeff Mervis)在《科学》杂志的一篇文章中描述了拉吉·切蒂和伊曼纽尔·萨伊兹(Emmanuel Saez)获取税务记录数据的过程,参见 https://www.sciencemag.org/news/2014/05/how-two-economists-got-direct-access-irs-tax-records。其他机会洞察的数据点来自:

- Matthews, D., "The Radical Plan to Change How Harvard Teaches Economics", Vox, 22 May 2019.

- Cook, G., "The Economist Who Would Fix the American Dream", *The Atlantic*, 17 July 2019.

- Chetty, R. "Visualizing the American Dream", *Talks at Google*, 12 December 2018.

针对新冠病毒的搜索数据

1. 《冠状病毒技术手册》的信息学章节参见 https://coronavirustechhandbook.com/infodemiology。它包含了比尔·兰波斯的工作论文、帕特里克·柏林奎特的互动工具和塞思·斯蒂芬斯·达维多维茨的《纽约时报》专栏文章,以及索菲和我上传的数据集。

2. 帕特里克关于使用搜索数据了解海洛因使用、高中枪击案和新冠病毒的文章,可以通过他在 OneZero 上的个人资料页面访问:https://onezero. medium. com/@ patrickberlinquette。

3. 半岛电视台(https://www.aljazeera.com/news/2020/05/tanzania-opposition-mps-boycott-parlia-ment-3-mps-die-200502055621809.html)报道了坦桑尼亚议员的死亡,英国广播公司 BBC(https://www.bbc.com/news/world-africa-52505375)报道了夜葬,《独立报》(https://www.independent.co.uk/news/world/africa/coronavirus-tanzania-test-kits-suspicion-goat-pawpaw-positive-a9501291.html)报道了约翰·马古富利针对检测试剂盒无效性的评论。

4. 批评谷歌流感趋势的学术论文是 Lazer, D., Kennedy, R., King, G. and Vespignani, A., "The Parable of Google Flu: Traps in Big Data Analysis", *Science* 343(6176), 2014, pp.1203—1205。

5. 我与罗伯托、马克的论文为 Foa, R. S., Gilbert, S. and Fabian, M., "COVID-19 and Subjective Well-Being: Separating the Effects of Lockdowns from the Pandemic", Bennett Institute for Public Policy, Cambridge, 2020。

不只关于
"我们"

　　1994 年，我和学校板球队在津巴布韦待了一个月。我们的最后一场比赛是在哈拉雷（Harare）的一个节日上对阵一所名叫普拉姆特里（Plumtree）的学校。他们的明星球员亨利·奥隆加（Henry Olonga）是一名速度很快的投球手，第二年将成为第一名代表津巴布韦参加测试级别比赛的黑人球员。从职业标准来看，他算不上是一名击球手，尽管他在与我们的比赛中疯狂得分，打破一个接一个徒劳的进攻。他投球时，则是完全不同的境界水平。看着普拉姆特里队上场时，我还在纳闷为什么他们的守门员会站在三柱门和边界线之间。当亨利站上起跑线时，我才意识到那是他们预估能够拿球的位置。当奥隆加投第一个球时，我只能看到一缕被激起的灰尘，一秒钟后，球"砰"的一声击中了守门员的手套，他的速度真的是快极了！

　　当我上场击球时才发现，对手需要担心的不仅仅是他的速度。球在移动，冲出球场，在空中飞腾。面对第一个球，我扑出三柱门向前防守，但球从我身边旋转而过，守门员不得不在左边俯冲接球。接下来的几次传球都没有碰到球棒，令奥隆加非常沮丧的是，其中一次球非常戏剧性地击打了守门员的左手，并造成四次轮空。这一局的最后一个球比较短。我站到向后防守的位置开始祈祷，球从我的球棒表面擦过，紧接着听到队友们开始鼓掌，原来球飞过了第三个人的边界线，飞到了外面的土路上。在这之后，奥隆加觉得他已经受够了，换上了替补。

那是我板球生涯的巅峰，但奥隆加的事业才刚刚起步。在接下来的八年里，他将代表津巴布韦参加 30 场测试赛和 50 场为期一天的国际比赛，在与印度、巴基斯坦和英格兰的比赛中攻入五球，并于 1996 年、1999 年和 2003 年入选国家板球世界杯阵容。

正是在肯尼亚、南非和自己家乡的最后一轮比赛中，奥隆加的国际板球运动员生活突然结束了。在与纳米比亚的比赛中，他和后来执教英格兰队的队友安迪·弗劳尔（Andy Flower）戴着黑色臂章上场，一起发表了以下演说：

今天能够代表津巴布韦参加世界杯，是一个巨大的荣誉，我们为能够代表自己的祖国感到非常荣幸和自豪。但是我们对津巴布韦在世界杯期间发生的事件感到非常悲痛和不甘，我们认为，如果不以一种有尊严的、符合板球精神的方式来表明我们的感受，就不该上场比赛。

因为我们有良知，所以不愿意在参加比赛时，无视我们数百万同胞正在经历饥饿、失业和被压迫的事实。我们知道，在未来几个月里，数十万津巴布韦人可能死于饥饿、贫困和艾滋病。

我们知道，许多人仅仅因为表达了他们对正在发生事情的看法而遭到不公正的监禁和酷刑；我们经常听到针对少数群体的种族主义仇恨言论；我们知道，成千上万的津巴布韦人经常被剥夺言论自由的权利；我们知道，人们因其信仰而被谋杀、强奸、殴打，他们的家园被毁，而肇事者却没有付出相应的代价；我们也知道，许多的津巴布韦爱国主义者甚至因为正在发生的事情而反对我们参加世界杯。

我们不可能对津巴布韦发生的一切视而不见，虽然我们只是职业板球运动员，但我们有道德和情感。我们相信，保持沉默只能表明我们的漠不关心或宽恕在津巴布韦发生的一切；我们相信，为正义挺身而出是重要的。

我们一直努力想找到一个合适的表达方式，一种不贬低我们如此热爱的比赛的方式。因此我们决定在没有其他队员参与的情况下单独行动，这个决定是我们个人的决定，我们不想利用我们的资深地位不公平地影响到更多的年轻队员。我们要强调，我们非常尊重国际组委会，并感谢它为在津巴布韦举办世界杯所做的一切努力。

最终，我们决定在世界杯期间佩戴一条黑色臂章，以哀悼我们深爱的津巴布韦民主的死亡。在这样做的过程中，我们向那些应该对津巴布韦境内有责任制止侵犯人权行为的人发出无声的请求；在这样做的过程中，我们祈祷我们的小小行动能够帮助国家恢复理智和尊严。

如此直接和公开地批评津巴布韦总统罗伯特·穆加贝（Robert

Mugabe)的独裁政权是一种非常勇敢的行为,也带来了严重的后果。34 岁的弗劳尔的国际职业生涯即将结束,他已经与英国埃塞克斯郡板球俱乐部签订了教练合同,但奥隆加只有 26 岁,并没有离开津巴布韦的计划。他立即被该国板球界排斥,被禁止登上球队大巴,甚至开始收到死亡威胁。信息部长乔纳森·莫约(Jonathan Moyo)公开称他为"黑皮肤、白面具的汤姆叔叔"。秘密警察透露,他们正在派遣便衣参加津巴布韦世界杯的最后一场比赛,目的是逮捕奥隆加,并暗示他将被判以叛国罪,被处以死刑或者以其他方式"处理"。奥隆加带着一个运动手提袋和他穿的板球装备,躲藏在南非,然后用一位同情他的陌生人送的机票逃往英国。他逃过了一劫了,但再也不能参加国际板球比赛了。

这与数据和数字技术有什么关系?我想强调的是,一个人成长的环境将对他的未来机遇会有重大影响。亨利·奥隆加的童年和我的童年十分相似。我们的父母都是职业工作者,并在我们很小的时候都离异;我们都上了拥有优质教育设施和老师的基督教寄宿学校,那里重视并奖励在体育、戏剧、艺术和音乐方面取得的成就。1994 年,足够多的相似之处让我们在哈拉雷的板球场上相遇,但我们与国家之间的关系却完全不同。

在奥隆加和弗劳尔抗议的时候,我住在白金汉郡的一个小镇上,在一家银行的数字营销部门工作。那时的我和我的几百名同事一起面临裁员的风险,我不确定是想在公司的其他部门找份工作,还是接受遣散费去寻找新的工作。一方面,我不喜欢不确定性;另一方面,经济发展迅猛、我的技能也很受欢迎,裁员计划会给我一笔积蓄。我正在考虑加入职工工会,并在权衡成为工会会员是否值得。这不是一个最好的时代，但我对未来持谨慎乐观的态度。

有些可能性根本不在我的担忧范围之内。我从未想过恶性通货膨胀会让我的遣散费一夜之间一文不值，也没有想过就业市场会突然崩溃，让我无处工作。我也从未担忧过因加入工会而被列入黑名单，或者被武警强行驱逐出家门的场景。同样，当我在前一次大选中破坏选票以指出简单多数票获胜制的缺点时，也从未考虑过可能会在投票站受到威胁或骚扰。

那是因为我生活的地方，有很多基本的自由由国家保障，我认为个人自治、新闻自由、结社自由、法治、公平选举等等都是理所当然的。读这本书的大多数人应该都处于类似的幸运境地，但在津巴布韦长大的亨利·奥隆加根本无法指望这些自由。当时，穆加贝的政党非洲民族联盟-爱国阵线正在以一种截然不同的方式行使国家权力——不是为了扩大自由，而是为了行使控制权。以土地改革为借口，政府支持的民兵将农民赶出他们所有的土地。当法院裁定这种征用是非法时，政府感到权力受到制约并替换了法官。工团主义者摩根·茨万吉拉伊（Morgan Tsvangirai）领导的民主变革运动所进行的政治反对活动被当局镇压，支持者遭到迫害和拘留。尽管存在恶性通货膨胀、大规模失业、频繁停电、粮食短缺和饮用水供应中断以及国际社会的谴责等问题，穆加贝的地位从未受到威胁。非洲民族联盟-爱国阵线控制着军队、安全部门和媒体，加上其使用暴力的意愿，他们在镇压异见方面发挥了难以置信的效力。

然而，数字技术已经开始改变一切。手机的普及和社交媒体的出现为津巴布韦人提供了组织抗议和动员支持的工具，也为他们提供了政府无法打压的表达政治悲痛和要求的空间。2003年，亨利·奥隆加和安迪·弗劳尔需要板球世界杯的壮观场面，以及与外国媒体的联系来传播他们的信息。但到2016年，埃文·马瓦雷尔（Evan Mawarire）通过在脸书上分享手机拍摄的四分钟视频，就发起了名为"这面旗帜"（♯ThisFlag）的群众运动。在影像中，牧师和活动家直接对着镜头讲话，反思国旗颜色所代表的价值观，以及津巴布韦统治者背叛国旗的方式。这个视频在社交媒体上迅速传播开来，很快为马瓦雷尔召集了用来反对政府滥用职权的线上追随者。他和他的支持者请愿罢免腐败官员，组织大罢工使国家陷入停滞。当局创建的一个相反的话题标签未能获得吸引力，迫使他们诉诸关闭互联网。马瓦雷尔多次被捕，他的家人也受到威胁，但发起的运动并不依赖于他。受他的榜样启发，学生活动家利用推特、脸书和瓦次艾普，在"这件长袍"（♯ThisGown）的旗帜下协调议会游行，抗议政府未能兑现创造就业机会的承诺。

同样的技术也带来了更难控制的抵抗形式。自称是非洲民族联盟-爱国阵线内部人士的匿名博客作者巴巴·朱克瓦（Baba Jukwa）已将其脸书页面变成一个津巴布韦人可以公开批评政府、反对宣传、嘲笑执政精英和蔑视压制公共言论法律的空间。他揭露了非洲民族联盟-爱国阵线的阴谋，即暗杀政治反对派和操纵选票，并动员"推特暴徒"（twitchfork）反对政治家。到2013年大选时，巴巴·朱克瓦的脸书粉丝数量超过任何津巴布韦政治家，几乎是穆加贝的三倍。政府试图逮捕并起诉了涉嫌与巴巴·朱克瓦有联系的公民，但毫无结果——数字技术意味着非洲民族联盟-爱国阵线在过去十年中所依赖的胁迫策略不再可行。

津巴布韦并不是唯一一个使用数字技术进行变革的国家。在"阿拉伯之春"期间,脸书群组、推特标签和油管公民新闻在推翻突尼斯、埃及、利比亚和也门的独裁统治者方面发挥了重要的工具作用。这也不是数字技术所促成的力量平衡变化的唯一例子。在埃塞俄比亚,公民的互联网活动受到监控,以预防有组织的异议和巩固政府权力。与此同时,善意的在线运动可能会适得其反,就像尼日利亚的"把我们的女孩带回来"(♯BringBackOurGirls)运动,该运动试图迫使博科圣地组织(Boko Haram)释放其绑架的女学生,但最终提高了该恐怖组织的形象,并加强了其与该国政府的谈判地位。

尽管如此,津巴布韦的政治运动是一个有益的提醒,数字技术并不全是关于"我们"的事情。如果我们牢记那个国家发生的一切,当在讨论设备和应用程序的用户界面设计如何"让我们变得不那么自由"时,我们可能会使用温和的语言。当亨利·奥隆加写到臂章抗议的影响时,他说:"也许对其他人来说,我们挑战了他们的世界观,让他们能够反思自己的生活,享受他们所享有的自由。"在津巴布韦发生的事情也应该让我们更认真地思考目前正在提出的技术政策解决方案,以及监视资本主义理论对基于数字广告的商业模式的批判。

例如,有人呼吁科技公司应该更坚决地打击网上的人肉搜索和网络欺凌等伤害行为,并坚持要求所有用户核实其身份。然而,这种做法的倡导者不可能想到他们的呼吁在津巴布韦这样的地方的影响,在那里能使用假名可能是一个生死攸关的问题。如果没有能力隐藏自己的身份,在社交媒体上公开反对津巴布韦政府将带来与亨利·奥隆加和安迪·弗劳尔一样严重的风险。

也有人呼吁以反垄断为由解散大型科技公司。这是一个将在第八章中详细讨论的问题,但现在我们注意到,这一理念的支持者似乎没有考虑到社会媒体公司占据市场支配地位对政治组织的好处。脸书群组并不是用来安排活动和与封闭社区沟通的唯一工具,瓦次艾普也不是唯一一个有手机和网络连接就能访问的免费、易用、端到端加密的连接任何人的信息服务。然而,它们拥有迄今为止最多的用户数量,这决定了它们是在津巴布韦这样的国家组织活动的最佳解决方案。正如泽奈普·图费克奇(Zeynep Tufekci)在其著作《推特和催泪瓦斯:网络抗议的力量和脆弱性》(*Twitter and Tear Gas: The Power and Fragility of Networked Protest*)中指出的那样,"脸书对世界各地的许多社会运动至关重要,它的影响范围很广,导致不存在真正的其他替代方案"。

要求禁止谷歌、脸书和推特等基于数字广告的商业模式的呼声依然存在,但支持这一禁令的评论员和政客们忘记了,他们的大多数用户并不生活在富裕的西方自由民主国家。例如,按用户数量计算,脸书十大国家市场中只有两个在西方;按照这一标准衡量,其最大的市场不是美国(2.1亿用户),而是印度(3亿用户)。巴西的脸书用户(1.3亿)是英国(4 000万)的三倍多。菲律宾(7 500万)的脸书用户数量远远超过法国(3 300万)和德国(3 100万)的总和。如果有"普通脸书用户"这个概念,那么他们的日常生活看起来更像津巴布韦人而不是英国人。

从全球范围来看,脸书基于广告的商业模式的影响是高度渐进的——它们将价值从最富有的用户转移到最贫穷的用户。所有脸书用户都获得相同的服务，但他们的注意力和点击量的价值存在巨大差异。其结果是，在 2018 年，255 亿美元的价值从欧洲、美国和加拿大的脸书用户有效地转移到了世界其他地方的用户身上，对该公司财务业绩的分析如下所示：

2018 年世界不同地区脸书用户之间的价值转移

	年度收入（十亿）	每月平均活跃用户（百万）	平均每用户收入	每用户价值转移额	价值转移总额（十亿）
美国和加拿大	$27.0	242	$111.88	− $87.11	− $21.0
欧　洲	$13.8	377	$36.59	− $11.82	− $4.5
亚太地区	$9.6	908	$10.56	$14.20	$12.9
世界其余地区	$5.4	729	$7.45	$17.31	$12.6
全　球	$55.8	2 255	$24.76	$0	$0

（"价值转移总额（十亿）"一列的合并单元格：上方两行为 − $25.5，下方两行为 $25.5，最末行为 $0）

用政治哲学的语言来说，这是一种分配正义。它满足了著名自由主义哲学家约翰·罗尔斯(John Rawls)提出的两条原则，即不平等只有在最有利于最弱势群体的情况下才能被允许；生活在不利政治条件下的人们应该得到生活在更有利政治条件下的人们的帮助。

想象一下，如果定向数字广告被宣布为非法，脸书向用户收取统一的服务访问费，会发生什么情况。与脸书 2018 年的广告收入相匹配，每个用户大约要被收取 25 美元。如果将脸书年度订阅价格定在这个水平，那么全球南方(Global South)国家的数亿人将被排除在该平台之外。对普通印度人来说,这实际上比对普通美国人来说贵34倍。在实践中,脸书像奈飞一样,应当可以按国家不同有区别地确定订阅价格,年费可以从土耳其的38美元到丹麦的148美元不等,但奈飞用户因按地区差别定价而导致的下滑表明,脸书在西方以外的地区的使用率也将大幅下降。简言之,如果脸书不得不从广告模式转向订阅模式,它将和奈飞、亚马逊(Amazon Prime)和苹果一样,成为富人的平台。这对像津巴布韦一样的国家来说是糟糕的消息。

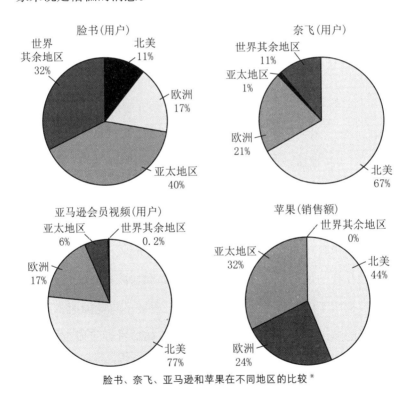

脸书(用户)

世界其余地区 32%
北美 11%
欧洲 17%
亚太地区 40%

奈飞(用户)

世界其余地区 11%
亚太地区 1%
欧洲 21%
北美 67%

亚马逊会员视频(用户)

亚太地区 6%
世界其余地区 0.2%
欧洲 17%
北美 77%

苹果(销售额)

世界其余地区 0%
亚太地区 32%
北美 44%
欧洲 24%

脸书、奈飞、亚马逊和苹果在不同地区的比较*

另一个建议是脸书应该采用所谓的"免费"模式。在这种情况

下，脸书将继续免费提供当前的服务，但也可以继续开发提供脸书和照片墙应用程序的高级收费版本。当然，用户可以根据自己的经济能力选择是否退出广告以及相关的数据收集和定位。如果优质服务的订阅收入能补贴免费服务，那么当前利益重新分配的做法将得以保留。然而，这样的安排显然是不平等的，加剧了现有经济的不均衡，就像医疗或教育领域的普遍公共服务的私人替代品一样。

苹果的供应链

这些政策建议还有一个严重的问题。除了给非西方用户带来意想不到的影响，他们还忽视了比隐私更重要的全球正义问题。套用剑桥大学政治学教授大卫·朗西曼（David Runciman）的话来说，关于数据驱动广告的说教似乎在决策者周围制造了一层浓雾。这不仅让他们更难看清到底发生了什么，还为那些想隐瞒这个议题的人提供了掩护。

以苹果公司首席执行官蒂姆·库克（Tim Cook）为例。他是客户隐私权的代言人，甚至对联邦调查局和法院要求为客户解密手机数据用于刑事调查的要求也会提出质疑。与此同时，在面向投资者的演讲和记者的采访中，他直言不讳地批评了脸书和谷歌的商业模式和领导决策。当然，他的工作就是通过贬低竞争者来提高苹果公司的价值，但是库克声称他的公司在隐私方面的优势是否转移了人们的注意力？他试图用迷雾掩盖的是什么？

答案是苹果的供应链，这是库克在担任首席运营官期间建立的。尽管苹果是一家总部位于加利福尼亚州库比蒂诺的美国公司,但其设备的组装工作是外包的——主要由中国台湾的公司富士康负责。在运往欧洲和北美之前,大多数苹果手机都是在富士康位于深圳龙华的拥有 20 多万员工的大型工厂里组装。按照西方的标准,工厂条件非常苛刻。轮班通常持续 12 个小时,装配线上的任务既要求精准又要有速度,固定主板的工人每天有 600—700 部苹果手机的工作配额,而负责抛光屏的工人配额可能高达 1 700 部。绩效管理的基础是为实现标准生产率而采取的现场罚款和公开羞辱。富士康工厂为其严苛的工作要求和残酷的文化付出了代价,仅 2010 年,就有 14 人自杀。龙华的高层宿舍楼上挂着网以便接住坠落的身体,2017 年,记者布赖恩·麦钱特(Brian Merchant)小心翼翼通过安全防线时,他们仍挂在那里。

电子元件从其他工厂,例如和硕在上海郊区的 50 000 名工人的工厂,运到龙华。2013 年,一家非政府组织列出了和硕工厂 86 起侵犯劳工权利的事件,涉及的领域从招聘歧视到管理权滥用,从工资不足到安全标准低下。第二年,调查纪录片系列《全景》(Panorama)的一名英国广播公司卧底记者被迫连续工作 18 天制作苹果电脑部件,即使他一再要求休息一天。另一名记者的轮班时间长达 16 个小时,他与另外 11 名工人寄宿在一个 8 人的宿舍里。尽管苹果承诺改善工作条件,但直到 2016 年,大多数和硕的工人仍然每月加班超过 100 个小时。

矿物质和金属是电子元件制造不可或缺的组成部分,这些矿物质和金属从全球南方的矿山运往和硕在上海的工厂。英国广播公司在印度尼西亚邦加发现了一个非法锡矿,那里有 12 岁的孩子们冒着被山体滑坡活埋的危险,在 20 米高的沙泥墙上挖矿。该矿的一名工人告诉记者,这些锡矿被卖给了苹果批准供应商名单上的冶炼厂。印度尼西亚约 70% 的锡来自那些与邦加类似的小矿山,苹果几乎不可能确保其部件不使用童工产品。

其他苹果手机和苹果电脑的部件也需要矿物质和金属。可充电锂离子电池需要钴,在运往中国和斯堪的纳维亚的冶炼厂之前,必须先提取钴。其中约 60% 的钴来自刚果民主共和国加丹加省,该省有 35 000 名最小只有六岁的儿童在条件恶劣的"手工"矿井中工作,每天工资不到 2 美元。他们可能因有毒粉尘中毒,或因隧道坍塌而严重受伤或死亡。与此同时,电容器需要由钶钽铁矿石制成的钽片。世界上大约 80% 的钶钽铁矿石位于刚果民主共和国东部。尽管西方政府努力取缔"冲突矿产",但许多钶钽铁矿石的开采和运输仍由以强迫劳动、系统性强奸和大规模杀戮而臭名昭著的独立民兵和刚果军队派系所控制。

我讲这些不是为了指控苹果公司不关心供应商的员工福祉,或不关心童工和暴力冲突。2018 年,该公司对 45 个国家的 1 000 多家供应商进行了供应商行为准则合规性审计,并列举了许多其为改善供应商的员工福利和前景而发起的培育宣传举措的例子。我也不是为了说明谷歌和脸书没有卷入同样的事件,毕竟,他们制造了诺希斯(Nexus)手机和门户视频通话显示器等设备。问题的关键在于,蒂姆·库克将公众讨论的焦点集中在数据和隐私问题上,而硬件供应链问题则逐渐消失在迷雾中。诚实地讲,我们每个人的态度也是这样的。我们对数据如何被使用的义愤填膺是很容易的,认识到我们自己日常使用数字设备使我们参与了对这么多人的剥削并非易事。

肖沙娜·祖波夫在《监视资本主义时代》中有一个关键论点，数字技术企业发明了"流氓资本主义"。然而，关注数字设备制造的客观现实提醒我们，数百年来，夺取、胁迫、暴力和不平等一直是传统资本主义的持续特征。从殖民地种植园的奴隶制和契约劳动，到20世纪全球化的危险化学工厂和服装血汗工厂，再到加丹加的钴矿和当下的龙华装配线，这些特征一直连续存在。我们通过法律、法规和标准，以及最重要的是通过民间社会的监督，来减轻资本主义带来的弊端。为了使这种监督有效，我们必须能清晰地看到这一切。

一切均需适度审核

还有什么其他问题是被迷雾掩盖的？尽管人们担心社交媒体的有害影响，但大多数西方用户在油管、推特和脸书等平台上的体验基本上没有暴力图片、鼓吹、色情、欺诈、垃圾邮件和仇恨言论。与大型科技公司喜欢暗示的相反，这并不完全取决于他们的机器学习算法，而是因为全世界有100 000人全职工作来审核在线内容。和苹果手机背后的矿工、冶炼厂和装配线工人一样，这些人中的大多数不是科技公司自己雇佣的。相反，他们为"吩咐我"（TaskUs）等专业供应商或埃森哲（Accenture）等IT外包商工作。

菲律宾马尼拉的英语人口比例高、劳动力成本低廉，已成为世界上最大的内容审核中心。那里的新员工通常是刚毕业的大学生,每小时工资在 1 美元到 3 美元之间,负责审查网络上最糟糕的文字、视频和图像,然后决定哪些内容违反了平台的社区标准,应该被删除。与龙华一样,人们对工作效率的期望很高,对错误的容忍度很低。推特审核者每天审核条目多达 1 000 个,而一个月内犯三个错误足以让你被脸书解雇。这项工作也可能会造成心理创伤。一些翻阅恐怖袭击录像的审核者报告说,他们对公共场所感到恐惧,甚至浑身麻痹;查看性虐待图片的人则报告说情感关系受到了损害;其他人发现自己被诱惑去重现他们亲眼目睹的自我伤害行为,但却几乎没有人为他们提供咨询辅导和支持。

年轻的菲律宾人为保持我们社交媒体的干净而承担情感成本的同时,科技公司认为美国的言论自由规范是普世性的假设也对他们造成了巨大的影响,那就是罗德里戈·杜特尔特(Rodrigo Duterte)总统的行事准则。杜特尔特最著名的政治成就是在国内消灭了冰毒交易,许多人可能会赞同这一目标,但欧盟、联合国甚至罗马天主教会都谴责杜特尔特的做法。他一再煽动针对冰毒供应商和使用者的暴力行为,导致警察、契约杀手和治安团伙非法杀害多达 29 000 名菲律宾人。社交媒体是他在 2016 年赢得选举的关键,也是他传播战略的核心;他的团队使用志愿者、知名人士和匿名账号在脸书、推特、照片墙和油管上发布政治宣传、诽谤政治对手、谴责记者和骚扰政府批评者。

社交媒体也被用来迫害缅甸的少数民族。自 2016 年以来,脸书和脸书即时通(即飞书信)一直被用来传播关于罗辛亚穆斯林(Rohingya Mustims)的仇恨言论,为野蛮的种族清洗运动争取民众的支持。缅甸军队将村庄夷为平地,数万罗辛亚人遭到强奸和谋杀，另有数十万人被迫逃往邻国孟加拉国。

这些紧迫问题与数据驱动的目标定位或基于广告的商业模式无关。然而，在迷雾中摸索，决策者似乎只能掌握数据和广告。让马尼拉内容审核者伤痕累累的不是可怕的广告复制，杜特尔特政府和缅甸军方也没有使用复杂的广告定位技术来赢得支持。相反，它们依赖数字平台的核心功能——组、页面、频道、标签和加密消息。当然，这些完全相同的免费数字工具对于津巴布韦等地的抵制独裁运动也非常重要，这意味着迫使科技公司撤出政治动荡的国家并不是标准答案。

尽管科技公司可能没有意识到这一点，但它们也提供了可以对缅甸和菲律宾发生的侵权行为进行调查的方式。那就是用新闻媒体、人权工作者和志愿者组成的开源智慧社区，验证在社交媒体上分享那些记录侵犯人权行为的视频和图像的真实性。使用谷歌地图上的全景拍照（Photo Sphere）和脸书搜索功能等开源工具，他们首先确定这些录像是否确实展示了所声称的内容；然后就可以找出并记录发生地和视频中人的身份，形成将犯罪者绳之以法所需的证据。

2018年7月，西非农村的行刑队处决妇女和儿童的视频开始在社交媒体上广泛流传。评论中一些人坚持认为这段视频的镜头是伪造的，而另一些人则声称喀麦隆军队的士兵应该对此负责，但这一观点被喀麦隆政府愤怒地斥责为假新闻。还有人猜测，凶手是马里的博科圣地（Boko Haram）* 小兵，穿着军服以误导观众。

---

* 博科圣地是活跃在非洲尼日利亚一带的恐怖组织。——译者注

利用开源智能技术，来自大赦国际（Amnesty International）的数字调查公司的分析师得以揭开真相。在视频的背景中可以看到梯田作物、低矮的植被和远处的山脉：通过谷歌地球的卫星图像对视频进行三角剖分，他们确定了视频处于喀麦隆最北部地区，靠近一个陆军前哨。他们还识别出凶手携带的武器是一种喀麦隆军队使用的特殊塞尔维亚步枪，在脸书上搜索并找到了喀麦隆士兵穿着与视频中一样的制服的照片，甚至发现了其中一名持枪者的个人资料页面。面对这一证据，该国政府改变立场，逮捕了 7 名士兵。

在人权组织难以收集真实证据的情况下，开源智能技术尤其有用，饱受战争蹂躏的叙利亚就是一个很好的例子。但就像我们在上一章中讨论的搜索数据分析一样，开源智能技术也有可能在强烈抵制大型科技公司时受到附带伤害。社交媒体公司面临要求它们更加主动地从平台上删除有害内容，并降低用户隐私风险的压力。迫于删除美化恐怖主义内容的压力，油管删除了数千段关于叙利亚冲突的手机视频，这些视频是非政府组织帮助进行人权调查的存档。要求采取更多措施保护用户的个人资料数据的压力不断增加，最终导致脸书拒绝使用图形搜索功能检索脸书上所有的公共内容，尽管数字调查公司用它证实了叙利亚伊德利卜医院爆炸案的报道，并收集了缅甸高级官员直接下令对罗辛亚人实施暴行的证据。这些决定将"我们的"用户体验和对被广告定位的担忧置于为被谋杀和被压迫者伸张正义之前。

让我们回到菲律宾，在一个开源智能技术可能是追究犯罪者责任的最有希望的国家，虐待的证据正被坚持不懈地从社交媒体上删除，这是多么黑暗的讽刺！虽然人工智能的进步可能会给马尼拉的内容审核者带来一些喘息的机会，但也会带来意想不到的后果。引用大赦国际的萨姆·德克斯利（Sam Duckerley）的话："在最坏的情况下，算法将能够以几乎与人权捍卫者发布视频一样快的速度删除这些视频，这可能会给调查人员带来毁灭性的影响。如果我们一开始就不知道视频的存在，就不能要求恢复该视频，或者用它建立一个对付军阀的案件档案。"

＊　＊　＊

到现在读者应该能意识到，我认为当前许多关于数据和技术的政策建议都是短视的。我们将在第八章中思考替代政策，但现在我相信大家都已经清楚，为什么我们应该扩大争论范围，使之超越在西方所看到的最紧迫的问题。

如果你好奇亨利·奥隆加后来怎么样了，我可以告诉你，他现在成为了一名评论员和演说家，并继续为名人拉辛斯十一世打板球，直到他受伤退役。他在阿德莱德一所板球学校训练时认识了澳大利亚体育教师塔拉·里德（Tara Read）并与她结婚，他们这一新的家庭也生活在阿德莱德。2019 年，作为一名优秀的歌剧男高音，亨利成功进入了澳大利亚好声音的对战环节。如果威廉是评委之一的话，那将是本书中一个可爱的巧合，但很可惜在那一季中他的导师位置被乔治男孩取代了。

注释

1. 本章大大受益于斯蒂芬妮-迪佩文（Stephanie Diepeveen）博士的系列研讨会"非洲的数字通信革命：国家、公众、权力和政治"（Africa's Digital Communications Revolution：State，Publics，Power and Politics），以及贾斯汀·皮尔斯（Justin Pearce）博士 2018—2019 学年

在剑桥大学举办的关于非洲政治的讲座和研讨会。我还要感谢大卫·加西亚（David Garcia）在2019年伦敦经济学院和牛津互联网研究所"互联生活"会议上提请注意菲律宾承担西方社交媒体使用的外部性的方式。

2. 有关亨利·奥隆加板球生涯的统计数据来自他在ESPN Cricinfo的球员页面，参见 https://www.espncricinfo.com/zimbabwe/content/player/55675.html。关于臂章抗议的描述来他的回忆录（Olonga, H., Blood, *Sweat and Treason*: *My Story*, Vision Sports Publishing, Kingston, 2010），他在2015年接受的采访（https://www.youtube.com/watch?v=7W68J6v8gw0）和英国广播公司体育对他的回顾报道（https://www.bbc.com/sport/cricket/21359274）。奥隆加和弗劳尔的演说文本记录在《卫报》2003年板球世界杯的档案中，参见 https://www.theguardian.com/sport/2003/feb/10/cricketworldcup2003.cricketworldcup11。

3. 埃文·马瓦雷尔最初发布的"这面旗帜"视频见 https://www.youtube.com/watch?v=xPSw-hSBlrY。2016年英国广播公司新闻报道《津巴布韦停摆：抗议的背后是什么?》描述了马瓦里尔激发的抗议活动，参见 https://www.bbc.com/news/world-africa-36776401。

4. 对津巴布韦社交媒体支持的抗议活动的分析，参见 Gukurume, S., "♯ThisFlag and ♯ThisGown Cyber Protests in Zimbabwe: Reclaiming Political Space", *African Journalism Studies* 38, no.2, 2017, pp.49—70。关于巴巴·朱克瓦，参见 Karekwaivanane, G., "Tapanduka Zvamuchese": Facebook, "Unruly Publics and Zimbabwean Politics", *Journal of Eastern African Studies* 13, 1, 2018。关于罗伯特·穆加贝的执政风格，参见 Levitsky, S. and Way. L.A., *Competitive Authoritarianism*: *Hybrid Regimes After the Cold War*, Cambridge University Press, Cambridge, 2010, pp.239—247。

5. 关于社交媒体在"阿拉伯之春"中的作用，有很多说法。我主要借鉴了 Aouragh, M. and Alexander, A., "The Arab Spring: The Egyptian Experience: Sense and Nonsense of the Internet Revolution", *International Journal of Communication* 5, 2011, pp.1344—1358。以及 Bellin, E., "Reconsidering the Robustness of Authoritarianism: Lessons of the Arab Spring", *Comparative Politics*, 44, 2, 2012, pp.127—149。

6. 马克斯菲尔德（Maxfield, M.）强调了"把我们的女孩带回来"运动的意外后果，参见 Maxfield, M., "History Retweeting Itself: Imperial Feminist Appropriations of 'Bring Back Our Girls'", *Feminist Media Studies* 16, no.5, 2016, pp.886—900。

7. 亨利·奥隆加的引文来自ESPN CricInfo对马丁·威廉姆森关于臂章抗议的回顾性采访，"Standing up for Their Principles"，参见 https://www.espncricinfo.com/story/_/id/22830886/standing-their-principles。

8. 泽内普·图费克奇的书是 Tufekci, Z., *Twitter and Tear Gas*: *The Power and Fragility of Networked Protest*, Yale University Press, New Haven, 2017。

9. 各国脸书用户的统计数据来自数据汇总器 Statista，"Leading countries based on number of Facebook users"，https：//www.statista.com/statistics/268136/top-15-countries-based-on-number-of-facebook-users/. 以及 Internet World Stats，"Internet User Statistics"，https：//www.internetworldstats.com/stats.htm。

10. 我分析的脸书在全球不同地区用户之间的价值转移的数据源自"Facebook Q4 2018 Results"，https：//s21.q4cdn.com/399680738/files/doc_financials/2018/Q4/Q4-2018-Earnings-Presentation.pdf。

11. 对约翰·罗尔斯的引用来自 Rawls，J.，*A Theory of Justice*，Belknap Press，Cambridge，2005，p.83；以及 Rawls，J.，*The Law of Peoples*，Harvard University Press，Cambridge，1999，p.37。

12. 我对基于广告和订阅的商业模式的比较分析借鉴了各种资料，包括：

- Facebook Q4 2018 Results.
- World Bank(2016)，"Adjusted net national income per capita in current US $ "，World Development Indicators，https：//data.worldbank.org/indicator/NY.ADJ.NNTY.PC.CD.
- 奈飞定价比较技术摘要，参见 Clark，T.，"How Much Netflix Costs in Different Countries Around the World，and Which Ones Get the Best Deal?"，Business Insider，12 September 2018.
- eMarketer(2016)，"Paid Netflix Subscribers in Select Countries/Regions"，https：//www.emarketer.com/Chart/Paid-Netflix-Subscribers-Select-CountriesRegions-Dec-2011-Dec-2015-thousands/173523.
- "Number of Amazon Prime Video subscribers worldwide from 2016 to 2020，by region"，aggregated by Statista at https：//www.statista.com/statistics/693936/global-number-of-amazon-prime-videosubscribers-region.
- Apple Inc. Investor Relations，"Q4 2018 Unaudited Summary Data"，https：//www.apple.com/newsroom/pdfs/Q4-18-Data-Summary.pdf.

13. 关于政治道德化造成的"迷雾"，参见 Runciman，D.，"Political Theory and Real Politics in the Age of the Internet"，*The Journal of Political Philosophy*：Vol. 25，No. 1，2017，pp.3—21。

苹果的供应链

1. 苹果的供应链参见 Clarke，T.，Boersma，M.，"The Governance of Global Value Chains：Unresolved Human Rights，Environmental and Ethical Dilemmas in the Apple Supply Chain"，*Journal of Business Ethics*，143，2017，pp.111—131。

2. 富士康在龙华的工厂和和硕联合科技在上海的工厂分别在以下文章中描述：

- Merchant，B.，"Life and Death in Apple's Forbidden City"，Guardian，18 June 2017.

- Oster，S.，"Inside One of the World's Most Secretive iPhone Factories"，Bloomberg，25 April 2016.

3. Quartz 的两份报告提供了关于富士康工厂的工资、加班和工作条件以及苹果对童工的回应的数据点：Bhattacharya，A.，"Apple Is Under Fire for 'Excessive Overtime' and Illegal Working Conditions in Another Chinese Factory"，*Quartz*，26 August 2016；以及 Fernholz，T.(2014)，"What Happens When Apple Finds a Child Making Your iPhone"，*Quartz*，7 March 2014。

4. 中国劳工观察的调查结果，参见 Fullerton，J.，"Suicide at Chinese iPhone Factory Reignites Concern Over Working Conditions"，Daily Telegraph，7 January 2018。

5. 文中提到的英国广播公司《全景》纪录片是"Apple's Broken Promises"，aired on BBC One on 18 December 2016。

6. 苹果的"供应商责任中心"，参见 https://www.apple.com/supplier-responsibility。

7. 世界上主要的钴精炼厂，参见 https://www.thebalance.com/the-biggest-cobalt-producers-2339726。哈佛大学研究员西达斯·卡拉(Siddharth Kara)在《卫报》上描述了刚果钴矿的状况，载 https://www.theguardian.com/global-development/2018/oct/12/phone-misery-children-congo-cobalt-mines-drc。

8. 关于刚果的钶钽铁矿，参见 Smith，J.H.，"Tantalus in the Digital Age：Coltan Ore, Temporal Dispossession and 'Movement' in the Eastern Democratic Republic of the Congo"，*American Ethnologist* 38，no.1，2011，pp.17—35。钶钽铁矿的互动地图可从国际和平信息处获得，载 https://www.ipis-research.be/mapping/webmapping/drcongo/v5/#-1.2214940237301164/28.6591796876304/6/2/1/。

9. 关于钴和钶钽铁矿的进一步数据，参见 O'Brien，C.，"Your Smartphone Is a Mine of Precious Metals and Elements"，*Irish Times*，19 April 2018。

10. 肖沙娜·祖波夫五次提到"流氓资本主义"，参见 *The Age of Surveillance Capitalism*，Kindle edition，Loc 27，362，2059，8442，9434。

一切均需适度审核

1. 埃森哲在其手册《一切均需适度审核：未来是仿生的》中对全球内容审核的劳动力进行了统计，参见 https://www.accenture.com/cz-en/_acnmedia/PDF-47/Accenture-Webscale-New-Content-Moderation-POV.pdf。"盼咐我"公司（TaskUs）的全球办公地点参见 https://jobs.jobvite.com/taskus-inc/。

2. IRL 播客第四季第四集中讨论了马尼拉的内容管理人的招聘和薪酬，"The Human Costs of Content Moderation"。《华盛顿邮报》的文章"Content Moderators at YouTube，Facebook and Twitter See the Worst of the Web- and Suffer Silently"(2019 年 7 月 24 日)

描述了内容审核带来的情感和心理上的代价。

3. 关于罗德里戈·杜特尔特禁毒战争的数据点来自：

- Etter，L.，"What Happens When the Government Uses Facebook as a Weapon?"，*Bloomberg Businessweek*，7 December 2017.

- "Profile：Duterte the controversial 'strongman' of the Philippines"，*BBC News*，22 May 2019.

- Johnson，H. and Giles，C.，"Philippines Drug War：Do We Know How Many Have Died?"，*BBC News*，12 November 2019.

- Alba，D.，"How Duterte Used Facebook To Fuel The Philippine Drug War"，*Buzzfeed News*，4 September 2018.

4. 关于缅甸的罗辛亚人的种族清洗，参见：

- Habib，M.，Jubb，C.，Ahmad，S.，Rahman，M. andPallard，H.，"Forced Migration of Rohingya：An Untold Experience"，Ontario International Development Agency，2018.

- Human Rights Watch，"Myanmar：Crimes Against Rohingya Go Unpunished"，https：//www. hrw. org/news/2019/08/22/myanmar-crimesagainst-rohingya-go-unpunished.

- Amnesty International(2018)，"Military top brass must face justice for crimes against humanity targeting Rohingya"，https：//www. amnesty. org/en/latest/news/2018/06/myanmar-military-top-brass-must-face-justicefor-crimes-against-humanity-targeting-rohingya/.

5. 西尔弗曼(Silverman，C.)讨论了脸书图形搜索的弃用及其对开源情报的影响，参见 Silverman，C.，"Facebook Turned Off Search Features Used to Catch War Criminals，Child Predators and Other Bad Actors"，*Buzzfeed News*，10 June 2019。

6. 萨姆·德克斯利(Sam Dubberley)的话引自他的专栏文章"How Facebook's sudden change hinders human rights Investigations"，Amesty International，参见 https：//www.amnesty. org/en/latest/news/2019/06/how-facebooks-sudden-change-hinders-human-rights-investigations。

7. 英国广播公司非洲之眼栏目的剧集《杀戮的剖析》(Anatomy of a killing)可以在 https：//www.youtube.com/watch? v = XbnLkc6r3yc 观看。大赦国际对调查的叙述，参见 https：//www.amnesty.org/en/latest/news/2018/09/digitally-dissecting-atrocities-amnesty-internationals-open-source-investigations/。

第三部分

权　力

接管全景监狱

是时候让我们与杰里米·边沁（Jeremy Bentham）见个面了，他是现代最有影响力的哲学家之一。到这一章，他已在这本书中候场多时。事实上，大卫·朗西曼（David Runciman）对"道德迷雾"的隐喻在上一章中非常重要，就是起源于边沁的作品。现在我们可以正式邀请边沁到舞台中央来了。

边沁生活在 1748 年至 1832 年间，经历了巨大的政治、社会和技术剧变。他出生于邦妮·查理王子流亡后不久，工业革命开始前不久。他大约比亚当·斯密年轻二十岁，比拿破仑·波拿巴年长二十岁。他在中年时期见证了法国大革命，摄政伴随他走过老年时光。

边沁以"功利主义之父"的身份广为人所熟知，虽然他本人从未使用过"功利主义"这个词。功利主义是一种伦理学理论，其核心观点是我们应该根据能给最多的人带来最大的幸福感这一标准来判断是非好坏。如果你认为这与关于 21 世纪科技公司的讨论无关，那么考虑一下这一情景：当德国政府在 2017 年制定了自动驾驶汽车的规则时，声称他们的软件是基于功利主义原则运作的。这意味着，当自动驾驶汽车所涉碰撞事故不可避免时，汽车必须尽量减少伤亡，即使这意味着会牺牲自己车上乘客的生命。

边沁对功利主义原则的一些论述，显示出他明显地走在他所处时代的前列。他认为男女生而平等，并主张应给予妇女选举权，这比历史上女性在 1918 年正式获得选举权早了 100 多年。1785 年，他写了第一篇文章支持同性恋性行为合法化。因为在边沁看来，这种行为不会伤害到任何人，还能给这些人带来快乐，所以禁止这种行为是错误的。

边沁对功利主义原则在另一些方面上的论述看起来则非常古怪且令人费解。为了降低在他看来人们对遗体多愁善感的负面情绪，他在遗嘱中明确表示，他的遗体应该被公开解剖，然后保存下来并用作装饰品。因此，你可以看到这具遗体在伦敦大学学院的一个玻璃柜里展出。是的，你可以看到部分的他，他头部的木乃伊制作技术出了问题，所以被蜡制的替代了，蜡制的脑袋戴着用他的头发制成的假发。

边沁对杀婴行为的思考更具挑战性。功利主义哲学告诉他，有两个原因导致谋杀应当被禁止。其一，谋杀剥夺了人们活着的乐趣；其二，如果允许谋杀，每个人都会生活在对被杀的持续恐惧中。在他看来，这两个理由都不适用于新生儿。新生儿不知道自己的存在，所以如果从他们身上夺走生命，他们也不会感到悲伤；而且他们还没有学会经历恐惧，所以不会害怕被杀。另一方面，出于对生活的绝望而杀害新生儿的父母将遭受审判，并面临死刑的恐惧。边沁认为，当来自社会的谴责给予其带来的惩罚已经足够，再将杀婴和谋杀一样对待会造成毫无意义的痛苦。

边沁的怪异思想在其全景监狱(Panopticon)的构想中和盘托出，他对监狱的创新设计深刻地塑造了我们在大科技时代对权力的看法。从20世纪70年代起，学者们越来越多地将其用作政府所有的各种电子监控的隐喻。最近，它已成为对社交媒体的一个流行隐喻。事实上，如果你现在搜索全景监狱，你会找到在《卫报》和科技文摘(TechCrunch)上刊登的*关于脸书和谷歌长篇大论的学术文章。关于这一切是如何发生的有趣故事将在本章中展开介绍，首先我们需要参观一下这座边沁想象中的监狱，看看它是如何运作的。

首先要知道的是，全景监狱的整体构造是环形的。经典的全景监狱有六层楼，每一层都有一排排的牢房围绕着一个洞穴般的中庭。中庭的中心是一座塔楼，塔楼上有大窗户，上面覆盖着百叶窗，这是督察室。走进督察室，可以清楚地看到，从窗户中可以看到监狱里的每一个牢房。更高的窗户可以通过螺旋楼梯进入，一个活板门可以让监狱看守者在不被他人发现的情况下进出。

继续走，我们来到一间空牢房。牢房之间的隔断延伸至牢门格栅外几英尺的地方，限制了牢中人的视野。我们视野中唯一能看到的另一间牢房在中庭另一面的地方，距离很远。相比之下，隐约出现在头顶上的督察室很难被忽略。然而，百叶窗的位置和塔内黑暗的光线条件使我们无法看到督察室里面的情形。此时此刻，监狱看守可能正在监视我们，或者她可能正在观察整座监狱另

＊　TechCrunch 是一个 Web2.0 式的科技媒体企业，致力于描述新兴公司，评论最新互联网产品，报道科技新闻，中译名为译者所加。——译者注

一边的一间牢房，又或者她可能从活板门溜出去喝杯茶，我们没有办法知道确切的状况。边沁天才的设计在于，由于全景监狱中的囚犯知道他们可能在任何特定时刻受到看守者的观察，他们应该做的理性事情就是始终注意自己的言行举止。换句话说，全景监狱使他们自律。

全景监狱不仅停留在概念层面，更是一个商业计划。边沁的意图是说服英国政府为建造全景监狱买单，并按照我们现在称之为"外包合同"的方式把这个监狱交给他运营。他认为全景监狱可以降低监狱管理人员的成本：督察室并不需要24小时都有人员执勤，这样他就可以雇用更少的监狱管理人员；对于那些自律的囚犯，也并不需要太多的警卫来限制他们。更重要的是，政府可以在镣铐和锁链的采购上省钱，因为即使是最暴躁吵闹的囚犯也会很快意识到，试图用各种恶作剧来逃避管理是徒劳的。边沁甚至考虑过向游客兜售进入督察室的观光门票来增加额外收入这一行为的可行性。边沁是一位监狱企业家，就像18世纪版本的英国安全公司G4S或美国的CoreCivic公司一样。

对边沁来说遗憾的是，政府虽然起初很热情，但从未与他达成协议。虽然许多监狱都是基于全景式的原则建造的，但边沁并没有从中赚到什么钱。如果他得知如今在关于谷歌和脸书的讨论中，全景监狱这一概念被提及的频率这么高，不知他会不会感到一丝宽慰。抑或按照他的哲学标准，这一想法并没有改善他的物质生活条件，因此这一概念对他而言没有任何价值？我们不得而知。如果我们一定要深究这个问题，就需要使用边沁所谓的福利计算法（felicific calculus），将某件事所带来的幸福所得加起来，减去不幸福的数量,以结果的正负大小来确定它是否一件好事。我们在第一章中提到了这个想法,当时我们考虑了实施 GDPR 等影响所有人的立法所涉及的权衡,这在本书的这一部分中尤为重要。

脸书是全景监狱吗?

当脸书的批评者声称它是一个全景监狱时,他们究竟想说什么? 最直截了当的是,这意味着我们在脸书上所做的一切都是公开可见的(visible)。很明显,发布状态更新或喜欢朋友分享的文章是可见的——这就是这样做的目的。不太明显的是,我们可能更倾向保持仅自己可见的活动,比如跟踪新同事的个人资料页面或查看前任伴侣的照片,但这在某种意义上也变得公开可见了。即使其他脸书用户看不到它们,但当你的数据被上传到脸书的数据库时,算法看得见,脸书工程师在例行工作过程中,也可能会以计算机编码的形式看到它们。通过与其他网站的整合,我们在网络上其他地方的在线活动在同样的技术意义上对脸书也是可见的。例如,它的算法可以"看到"你浏览了床垫,但从未下过单。当然,脸书网络中的一切并不是真正的都"公开可见",比如脸书的飞书信和瓦茨艾普上的加密消息就只能被发送者和接收者看到。但如果你认为谈论算法"看到"是有意义的,也可以说脸书是可以全景看到的,离所谓全景监狱一步之遥。

但是,全景监狱既是一座监狱,也是一座瞭望塔。用《新闻周刊》的话说,脸书是一个"在线全景监狱",就是说它的用户是囚犯,某种形式的权威正在对他们施加控制。全景监狱的控制涉及牢房墙壁的物理约束，但其根本特征是因犯意识到自己被持续监视而产生自律。在《1984》中，乔治·奥威尔通过"老大哥"（Big Brother）这个无所不在的形象生动地将这一想法付诸实践。第二次世界大战结束后，在斯大林对苏联的集权统治下，奥威尔设计的全景监狱是电子式的，而不是物理建筑式的。家庭、工作场所和公共场所的闭路电视摄像机网络（缩写为CCTV）使国家安全部门能够全面掌控公民的一举一动：

> 当然，你没有办法知道你是否在某个特定时刻被监视，思想警察多久或在什么系统上连上你的网线只能靠猜测。你甚至可以想象，他们在所有的时间里一直盯着每个人。只要他们愿意，他们随时可以连上你的网线。你必须适应这种生活——没错，从成为本能的习惯开始——假设你发出的每一个声音都可能被偷听，并且，除了在黑暗中，你的每一个动作都可被仔细观察。

监视驱动的自律使得反对和抵制国家的行动难以实现，即使是写进个人日记的内容也无法隐藏，更不用说建立政治组织了。尽管《1984》中的英雄温斯顿·史密斯（Winston Smith）可以离开他的公寓，去办公室、参观古董店、到乡下去玩一天，但他仍然是一名因犯，因为他知道"老大哥"在监视着他。正如边沁全景监狱中的督察室不依赖任何个体的督察一样，"老大哥"也不是具体的个体领导或官员，而是一个技术控制系统。

这让我们想起思想史上另一个非常重要的人物:米歇尔·福柯(Michel Foucault)。如果边沁看起来是个英国怪人,那么福柯——剃着光头,戴长方形眼镜,喜欢高领毛衣——就是冷峻法国知识分子的代表。他在社会学、历史学、心理学、哲学和政治理论方面的学术影响是无与伦比的。福柯对权力的研究非常着迷,他的许多作品都试图解释什么是权力以及权力是如何运作的。边沁的全景监狱与他产生了共鸣,因为它展示了如何利用自律机制高效地对群体行使权力。在福柯看来,全景监狱的设计思想不仅适用于监狱,也适用于学校、工厂、就业中心、收容所和医院。如果他们知道自己可能被监视,学生们就不会抄袭彼此的作业;流水线工人就不会试图组建工会;有传染病症状的患者就不会违反社交距离规则。事实上,福柯认为,如果你仔细研究任何现代制度的运作方式,你会在其中发现同样的监督和自律的动力。而且,如果你将监督从表面上的观察拓展到通过收集数据来对监督对象进行测量、校准和分类,那么这个模型可以扩展到整个国家的人口,正如福柯曾写下的,我们生活在一个"自律的社会"。

　　如果脸书像许多批评家所说的那样,是一个全景监狱,那么其控制力必然以边沁、奥威尔或福柯眼中自律性的方式来运行。对用户的控制必然以破坏我们自由的方式进行,使我们与狱中囚犯、学校里的学生、受压迫的工人或病房中的病人并无二致。这种控制不需要由马克·扎克伯格这样的特定个人来实施,它可以通过一个系统来实现,或者是上面提到的督察室、"老大哥",或者是一套算法。就算这套系统运行中涉及相关人员参与,人员配置可以在不影响系统的情况下进行改变。例如,监察人员可以在督查室内走进走出,思想警察*队伍中可能会出现人员流动,或者上文中提到的教师、医生以及脸书位于加州门洛帕克总部的主管和开发人员,都可能出现人员流动。脸书不是一个国家,这种控制的目的不是为了维持政治秩序;作为一家跨国公司,其目标是利润最大化。因此,脸书希望我们的行为可以成为推动其收入增长的因素,希望我们花时间在脸书旗下的应用程序上,点击广告,并释放可用于定位或产品优化的数据。

你可能不会惊讶于,我认为将脸书作为数字全景监狱的说法并不具有说服力。第一,全景监狱中权力的形成是基于巨大的信息不对称。狱警可以看到囚犯所做的一切,但囚犯看不到狱警的任何行为。但脸书根本不是这样的,任何人都可以访问马克·扎克伯格的脸书页面,看到他是音乐剧《汉密尔顿》的粉丝,或者查看雪莉·桑德伯格**的页面,看到她喜欢咖啡、葡萄柚和冻酸奶。任何人都可以关注脸书虚拟现实主管安德鲁·博兹·博斯沃思(Andrew 'Boz' Bosworth)以了解新 Oculus 耳机的开发内幕,也可以查看该部门首席执行官亚当·莫塞里(Adam Mosseri)发布的照片墙故事。当然,如果脸书高管愿意的话,他们可以利用自己的内部系统,从我们身上了解到比我们了解他们更多的信息。就算如此,他们也并没有被隐藏起来。如果他们是狱警,他们的宿舍有窗户,囚犯可以透过窗户看到他们。

---

　*　乔治·奥威尔的反乌托邦小说《1984》中大洋国秘密警察的名称。——译者注
　**　雪莉·桑德伯格(Sheryl Sandberg)1969 年 8 月 26 日出生于华盛顿。曾任克林顿政府财政部长办公厅主任、谷歌全球在线销售和运营部门副总裁。现任脸书首席运营官,被媒体称为"脸书的第一夫人",她也是第一位进入脸书董事会的女性成员。——译者注

第二，在全景监狱中，权力只向一个方向流动。狱警对囚犯行使权力，他们必须服从。正如我们在本书前面看到的，脸书的全景式账户让定向广告成为了与这种单向的权力流动相关联的一种方式。在这个意义上，狱警的督察室就是脸书的广告管理软件（Ads Manager），它由脸书构建和维护，但主要由其广告客户使用。通过观察牢房的窗户，观察囚犯的特征和行为，作为"狱警"的广告商可以决定他们想针对哪些群体，并在牢房墙上投放广告。

这个版本的全景监狱故事的问题在于，它假设了脸书广告客户和脸书用户之间的本质差异。但这种差异并不确实存在，你必须是脸书的用户才能做广告，脸书的广告工具可以触达 25 亿用户。在脸书上开展广告活动并不需要任何特殊技能，这些工具对任何人来说都非常容易使用。让我们来看看，在脸书上做一则定位马克·扎克伯格的广告会涉及什么。虽然针对 100 人以下的个人或群体定位不具有技术上的可行性，但我们可以利用关于扎克伯格的公开信息来建立一个我们可以期望接触到他的活动。从下面的广告管理软件的屏幕截图可以看出，很容易就可以将广告目标定位在 35 岁的男性身上，他们位于门洛帕克（Menlo Park），持有自由主义的政治观点，有 5 岁以下的孩子，从事计算和数学方面的工作，喜欢音乐剧《汉密尔顿》。然后，你现在需要做的事情就是一张信用卡和至少 1 美元的预算了。

杰里米·边沁对一个允许囚犯担任狱警、每个囚犯都可以进入督察室的全景监狱不会有什么好感，他可能会认为这会漏洞百出。类似地，如果无产者能够随心所欲地接入执政精英的电话线，《1984》中所描绘的那些噩梦般的景象就会大打折扣。同时，对福柯来说,全景监狱使"完美行使权力"成为可能的原因之一是因为它"减少了行使权力的人数"。相比之下,脸书却增加了行使权力的人数。脸书现在有 700 多万广告商,当 700 万狱警在督察室和牢房之间来回走动时,权力不可能只朝一个方向流动。

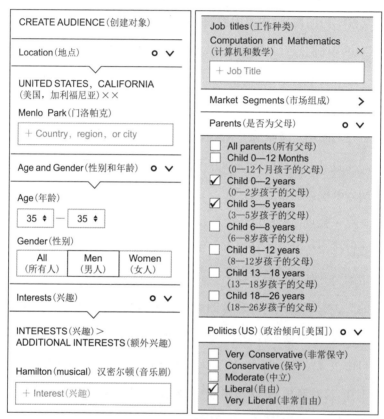

通过脸书广告管理软件定位像马克·扎克伯格这样的人

脸书广告的可访问性和广泛使用并不是权力向多个方向流动的唯一证据。全景监狱被认为可以让有组织的抵抗变得不可能,但我们在上一章中看到,脸书的功能可以被弱者用来对抗强者。

例如，在埃文·马瓦雷尔反对津巴布韦镇压政府的"这面旗帜"抗议中，甚至有过这样的情况，脸书的这些功能被用来对抗脸书本身。2007年，脸书推出了一款名为Beacon的程序，该程序自动发布用户在第三方网站上购买行为的脸书记录。这在技术上并没有什么了不起的，但具有重要意义的是，用户在脸书上动员起来对脸书进行联合抵制，即以隐私为由反对Beacon。因抗议成立的名为"前进"（MoveOn）的组织利用脸书的一个群组向脸书递交请愿书，要求其下架Beacon。几天之内，该组织吸引了数万名成员，并随后针对脸书提起集体诉讼。马克·扎克伯格后来承认了脸书所犯下的错误，Beacon最终于2009年被关闭。

第三，我不认为脸书是一个全景监狱的原因是，将我们在社交媒体上的行为描述为"自律"型行为似乎与实际情况不符。不妨反思一下你在用脸书或照片墙时的情形，你是否经常意识到你可能被比你更强大的人观察到？你是否会就像脸书对你的行为所期望的那样，经常浏览你的订阅号，或者对一个坏脾气的大叔分享的新闻故事作出反应？你是否想过改变自己的行为以符合脸书的要求，从而避免可能受到的惩罚？我相信答案都是否定的，我也一样。那些认为我们生活在一个数字全景监狱里的学者可能会说，我们处于一种虚假意识的状态，这意味着我们已经将控制系统内化到一种程度，以至于我们不再意识到自己的真正动机。你是否被这一说法说服将取决于你对自己想法的了解程度，以及你认为自己有多大能力作出自己的选择，这个问题我们将很快再进行讨论。

如果你想看到现实中的自我约束现象，那么可以想象一下新冠疫情城市封控情况下你的生活经历。在英国，政府规定人们只能离开家去买食物、买药或锻炼身体。这次大规模居家隔离活动中权力的主要执行者并不是警察，而是公众。一些人向当局举报他们的邻居每天跑步不止一次，一些人批评像冰淇淋车这样的"非必要"商户还在街上兜售食物，还有一些人拍下人们在公园里坐得太近的照片。这些现象标志着一种旧式的个人对个人（peer-to-peer）监视的复兴，这种监视通常指向冷战期间东德的史塔西（Stasi）线人情报网络，但社会学家菲利普·戈尔斯基（Philip Gorski）指出它可以追溯到 16 世纪荷兰的加尔文主义者社区。它的效果是人们规范自己的行为，权衡观察者如何判断自己的行为，从而避免招致反对和惩罚的风险。

谷歌是全景监狱吗？

全景监狱作为一种隐喻，对谷歌来说更有解释力吗？很明显，我们的许多在线活动在技术上对谷歌来讲是可见的，这不仅是因为谷歌搜索、谷歌邮箱、油管和其他谷歌产品深深地嵌入我们的日常生活中，还因为它的技术被用于通过其"合作伙伴网络"在 200 多万个网站上进行广告空间的交易，并通过谷歌分析来衡量另外 3 000 万个网站的流量。然而，正如我们所看到的，要想适用全景监狱理论，除了可见性之外，还需要信息不对称、权力需要朝一个方向流动，以及我们需要能够将谷歌用户的行为描述为自律型行为。

与脸书一样，如果谷歌高管访问我们的谷歌历史记录，他们可以看到我们的一些信息，但我们看不到他们的信息。但谷歌高管的信息本身也并不是隐藏的。事实上，披露公众人物的信息是谷歌搜索的一项功能，它揭示了更多关于谷歌首席执行官的信息，而不是关于你或我的信息。这在某种程度上修正了权力的不平衡。如果你不信，可以试试在谷歌搜索框中键入"Sundar Pichai"*，看看谷歌搜索都给出了哪些建议联想词。

谷歌搜索如何将其 CEO 桑达尔·皮查伊信息可视化

　　与此同时，谷歌平台上的权力显然向许多不同的方向流动。在谷歌上建立和运行业务比在脸书上更难，成本也更高，但仍有400 万谷歌广告商。在拥有自己的油管频道的 3 100 万人中，约有16 000 人拥有超过 100 万的订阅者，这个数量是《纽约时报》发行

＊　桑达尔·皮查伊，谷歌的印度裔 CEO。——译者注

量的两倍。最后，用自律来解释为什么谷歌服务被如此广泛地使用，显得过于复杂和缺乏解释力。事实上，谷歌的服务非常有效，而且大部分是免费的，这似乎是更简单的原因。

总而言之，脸书、谷歌和其他科技平台的权力关系与全景监狱的权力关系并不相同。但是，如果在科技时代我们应该如何看待权力的问题上，全景监狱是一个错误的模式，那么什么才是正确的模式呢？

剑桥权力

福柯在他写了《规训与惩罚》一书之后，在他生命的最后十年里探索了一种不同类型的权力。在学术文献中，这种类型的权力通常被称为"结构性权力"（structural power）或"本构性权力"（constitutive power），但我向来认为这些词不够直观。因此，我将其称为"剑桥权力"（Cambridge power），之所以叫这个名字，是因为我在剑桥的经历可以让这个词变得生动。

这个故事开始于 2018 年 11 月的一个晴朗寒冷的日子，地点在剑桥大学历史学院教学楼。我站在教室外的地下室走廊里，等待讲座开始。此前，我在历史系图书馆里坐了一个小时，毫无成果，因为我根本无法集中精力阅读。在图书馆里坐着的时候，我感觉我的脖子后面总有一股飕飕的冷风缠着我，似乎无论我坐在哪儿，这股冷风就会到哪儿。这座历史学院教学楼是由大名鼎鼎的詹姆斯·斯特林（James Stirling）设计的，RIBA 斯特林奖（RIBA

Stirling Prize）*就是以这位设计者命名的，作为一流的现代建筑经典，我不能理解为什么它会让人如此不舒适。我打开手机，搜到了一篇1968年发表在《建筑评论》杂志上的文章，其中解释了这座大楼的供暖和通风的控制系统有多么复杂。作者预测，这些设备可能会"因管理不善而受到影响"，因为"该建筑的大多数居住者将以人文学科为导向，因此在机械素养和能力方面可能低于全国平均水平"。换句话说，如果我在楼里感到冷，就一定是我的问题。

在到达剑桥之前，我浏览了本学期的课程列表，并标记下我想上的课，这些课要么是因为它们与我正在学习的政治专业相关，要么是因为我认为它们会加深我对世界的理解。我想象着我可以如饥似渴地接受来自历史学、社会学、哲学和英国文学的思想，甚至考虑过报名学习现代希腊语。然而，在我正式入学的五周后，我已经放弃了这个想法。我的课程所要求的阅读材料——期刊文章、章节摘选甚至整部学术书籍——平均每周超过500页。除此之外，还有三场两小时的研讨会和周一上午9点的社会科学研究方法必修课。最后，我还要尽快推进我的论文写作，因为我的导师很快就要将一份论文进展报告上传到学生管理系统。在来到剑桥之前，我曾想象过自己在这里的另一个习惯是每天早上在河边长跑。实际上，我也就每周两到三次能绕着仲夏公地和耶稣绿地**做做

---

* RIBA斯特林奖是英国皇家建筑协会奖下设奖项之一。英国皇家建筑协会奖是1834年成立的有185年历史的老牌建筑大奖，下设八大奖项，分别为RIBA地区奖、RIBA国家奖、RIBA斯特林奖、RIBA年度最佳住宅奖、RIBA年度客户奖、斯蒂芬·劳伦斯奖、NEAVEBROWN住房奖以及RIBA国际奖。RIBA是英国皇家建筑协会的英文简称。——译者注
** 仲夏公地（Midsummer Common）和耶稣绿地（Jesus Green）是两小块紧挨着的绿地的名字，位于剑桥。——译者注

短途小跑，这是一天繁忙的工作开始之前毫无乐趣的运动。这比我职业生涯中的任何时候都更让我感觉到，除了工作，我没有时间做任何事情。

那天的讲座是关于我们的老朋友杰里米·边沁和约翰·斯图亚特·穆勒（John Stuart Mill）*的系列讲座的第一场，我们将在下一章中谈论道穆勒。这是针对本科二年级学生的，这意味着我和年龄大约为我一半的学生在走廊里一起等待上课。有些人穿着大学划船俱乐部的连帽衫和运动裤，有些人的头发漂白了，牛仔裤也翻了起来。有些人紧张兴奋，有些人情绪低沉。不一会儿，时间到了，演讲室的门开了，就像突然发生了一场混战，大家成群结队地走进去。这让我清楚地回忆起了我年轻时在学校念书的情景。长长的一排木制书桌和可堆叠的塑料椅子面对着白板，我甚至能闻到我的旧铅笔盒里面的气味——HB铅笔屑，涂满蓝黑派克墨水的墨水稿纸。我定定神，走进讲堂，来到房间的后角。表面上我是为了找一个靠近插座的位置，把笔记本电脑插上电，但实际上是因为我觉得自己像个局外人，不应该试图混入其他年轻的学生之中。正想着呢，只见坐在我前排的一个年轻人小心翼翼地递给我一份复印资料。我努力想开始一段对话但似乎不太可能，我的基本社交技能好像已经抛弃了我。

讲座终于开始了，我很快就被边沁的生活故事吸引住了。直到主讲人开始概述下一周演讲的主题时，我才意识到一个小时过

---

* 约翰·斯图亚特·穆勒（1806年5月20日—1873年5月8日），或译约翰·斯图尔特·密尔，英国著名哲学家、心理学家和经济学家，19世纪影响力很大的古典自由主义思想家，支持边沁的功利主义。——译者注

去了,我突然想起五分钟后我要参加一个关于比较政治和宗教的研讨会。我收拾好东西,匆匆走出大楼,穿过校园。

与讲座不同,研讨会涉及小组讨论,需要积极参与。从表面上看,它们看起来就像是在办公室工作时可能举行的进度会议,参与者通常围坐在一张桌子旁,由一位资深人士主持讨论。但两者还是不同的。第一,研讨会没有太多的闲聊,没有打破僵局的破冰游戏让人们放松下来,也不会有人讲个笑话让人们从艰涩的对话中轻松一下。第二,引导对话是研讨会主持人的唯一职责。如果你想说什么,你要举手,等他们邀请你发言。第三,研讨会的默认模式是批评。对阅读材料的评论倾向探究它们的弱点,而不是赞美它们的长处。给别人鼓励或表扬并不是一件研讨会上真正需要做的事,应该做的是最好指出别人论点中的缺陷。由于这些惯例,研讨会通常是严肃的事,且充满了负能量。

对我来说,参加研讨会意味着要抛弃我在过去18年的职业生涯中建立起来的团队互动本能。有些时候,我会满怀热情地参加本周的阅读,但当我意识到这种形式不允许展开我喜欢的那种火花般的、协作式的讨论时,我的兴奋感就消失了。在其他时候,我会发现自己毫无用处,准备不足,要么是因为我太懒了,没有仔细阅读论文和材料,要么就是因为我太笨了,读也没读懂。在这一次的研讨会上,我问了一个关于世俗化的不同含义的问题,并指出了民族和宗教身份的纠葛。我不知道我所提出的观点是否有价值。沉默了一会儿,研讨会的主持人向与会的各位问道:"那么这里有什么重要性呢?"这个问题让我有点手足无措。我该怎么解释呢?我应该感到尴尬吗?惭愧的我开始害怕说错话,甚至当我想举手的时候,我都被自己吓了一跳。此时此刻,我多么渴望得到正常工作生活中里就算有点像兜圈子似的无用而中庸的回应,比如有人会说"我同意,萨姆,这是一个很棒的观点",甚至比如"对于刚才萨姆说的,我觉得……"。

研讨会结束时已经下午三点了,早餐之后我就什么也没吃了。我太饿了,脑袋都转不动了。玛莎超市*在我回公寓的路上,所以我进去买了一桶鹰嘴豆泥和一包切片白吐司。我把买来的这些可怜的食物带回地下室的厨房,边吃边茫然看着我生活的这个小空间。我把所有的暖气片温度都调高了,但我的书房兼卧室却还是暖和不起来。我泡了一杯茶,坐在办公桌前,花了三个小时准备下次研讨会的阅读材料,天色已经渐渐黑了。

放下手头的工作之后,我到酒吧去见亚历克斯,他是我的前同事海伦的姐夫。作为美国爱达荷州博伊西州立大学的哲学教授,他在剑桥大学学术休假一年,正在研究一本书。无论是因为同是在相仿的人生阶段,还是出于对啤酒的共同热爱,我们很快便成为了朋友。我本打算问他关于边沁和福柯的事,但我意识到我真正需要的是找人倾诉我这段痛苦的时光。我对在这里上学的工作量、研讨会枯燥的形式和缺乏反馈的体验感到不满。我抱怨我在剑桥这一年所期望的与现实的束手束脚、单调乏味之间的落差。那些我没空听的讲座、没空跑的步、没有参加的运动队、未曾留宿的修道院、没有参加的烛光合唱音乐会、交际晚宴和品酒会……我两手一摊,总结道:"我在剑桥的生活真是毫无体验。"

---

*　玛莎超市(Marks and Spence)是英国中高端连锁超市品牌,主打生鲜和日用。——译者注

"哎",亚历克斯呷了一口啤酒,"你刚才不是说了嘛,这一周的大部分时间你都窝在家里,一个人孤孤单单冷冷清清,还担心自己的努力毫无价值,这不就是你在剑桥的体验嘛!"

如何解释我在剑桥的第一个学期里性格的快速转变? 我是不是真的正处于中年危机,正如我在本书开头提到的老同事所怀疑的那样? 还是我只是失去了自信? 亚历克斯摆摆手,他给了我另一种解释:我正在经历剑桥权力对人的心理、情感和身体的影响。

剑桥权力无处不在。确实,它控制着我,有时还让我感受着切肤之痛。但这种状况并不是那些研讨会的主持人、负责教务的大学副校长或其他什么精心设计的控制系统故意造成的。剑桥权力就是这样,神秘地孕育在这里的建筑、天气、官僚体制、校园规则、记忆、教学实践、商业街区甚至是一草一木的交织和互动之中。它安排和约束着我可以实施的行动、我可以使用的语言、我可以作出的选择,甚至是我脑海中可以想象到的一切事物。在它的魔力下,我被重新塑造成一个不同的人。

在我看来,现在科技公司被指责造成许多社会弊病更容易理解为是一种剑桥权力的影响,或者,用学术语言来说,是一种"结构性"或"本构性"权力的影响。几乎眨眼之间,智能手机的普及应用改变了全球数十亿人的日常生活习惯。70%的美国人睡觉时都会把手机放在床头柜上、床上甚至干脆拿手上;对于40%的英国人来说,刷手机是他们晚上睡觉前做的最后一件事,也是他们早上醒来时做的第一件事。在智能手机出现之前,我们现在很难回忆起人们在乘坐公共交通工具时在做什么打发时间。与此同时,社交媒体的出现鼓励人们比以往任何时候都更多地展示自己,然后按照自己理想化设定的生活版本行事。现代人随时随地都爱自拍的现象就是上述生活方式转变的产物。每年有 90 多人因自拍而丧命,通常是从悬崖上摔下来或被车辆碾过。自拍造成的死亡人数现在超过了因雷击、鲨鱼袭击和火车相撞的总和。无论是死是活,我们被改造成了跟之前相比不同种类的人。

所有这些都不是科技企业家的本愿。史蒂夫·乔布斯并没有从一开始就将苹果手机设计得令人上瘾,以至于人们难以和自己的苹果手机分开。凯文·斯特罗姆*和迈克·克里格**从没想过照片墙里面居然有一套如何让人们每天拍照记录自己早餐的说明书,其他诸如自拍也不是他们发明的。更值得关注的是,他们注意到了我们的生活被神秘地重塑的一些方式,并对此作出了回应。这些回应包括诸如 IOS 系统通知或照片墙里的 Clarendon 滤镜,已经产生了塑造我们生活本身的影响。科技公司从结构性权力和本构性权力中受益,并进一步为之作出贡献,但科技公司本身并不是这种权力的源泉。因此,如果说我很难找到导致我在剑桥大学第一个学期的生活中让我遇到那么多麻烦的人,那么识别并揪出那些制造网络欺诈、网络霸凌或让人产生自我伤害倾向的应用程序就是一件不可能的任务。同样可以说,你愧疚于自己每日对着手机屏幕浪费时间,却把这一窘境归咎于大型科技公司,这种做法相当于你每天都要来一杯馥芮白,当你发现自己被一种不节俭的习惯所控制时,却把自己的这个习惯归咎于咖啡店。

* 凯文·斯特罗姆(Kevin Systrom),美国人,毕业于斯坦福大学管理科学与工程系,照片墙创始人。——译者注
** 迈克·克里格(Mike Krieger),巴西裔美国人,照片墙联合创始人。——译者注

对于这种权力我们该怎么应对呢？它可能不是源于任何个人、产品或公司，但它仍然对我们有重大影响。对福柯来说，答案在于现实中源于自我关怀的自制。这种权力迫使我们每天成百上千次地看手机，在家庭聚餐时还要检查瓦茨艾普，或在公众人物的推特上发泄情绪，这是也许是无法逃避的，但我们可以通过训练自己抵制这些习惯来赢得一定程度的自由。使用数字技术，就像手工咖啡或成为一个成熟的学生一样，这种自我训练需要注意到权力运作的奇特方式，然后尽力不受它影响作出清醒的选择。

市场权力[*]

还有一种权力，可以帮助我们更直接地理解大技术时代的权力关系，那就是市场权力。与剑桥权力那样的结构性权力和本构性权力不同，市场权力由科技公司掌握并有意识地加以运用，以促进其自身利益。

市场权力的许多表现形式是显而易见的，比如寻租和政府游说。在这一点上，科技公司和其他大公司之间没有本质区别。苹果、亚马逊、谷歌和脸书在华盛顿的游说支出与金融服务、国防和汽车行业的主要经营者大致相同（如果你想知道的话，2018 年约为 5 500 万美元）。不管是好是坏，游说只是大公司做的一件事。

---

[*] 原文为 Market Power。考虑到市场力量是在反垄断和竞争分析中的一个专有名词，专指企业控制价格和交易条件的能力，而此处所指已经超越这一范畴，结合作者政治学背景和对福柯的引用，译作"市场权力"更为合适。在有些情形下，将这种权力理解为"市场力量"更为准确。——译者注

对收购竞争对手的贪得无厌的欲望是市场权力的另一个明显而熟悉的表现。然而，由于科技行业的整合不会导致消费者支付更高的价格，因此大型科技行业与其他行业之间的比较变得复杂。自20世纪70年代以来，消费者福利——狭义地理解为符合人们以货币表示的短期经济利益——一直是竞争监管者在决定是否批准并购时考虑的主要因素。汽车行业的单一参与者，例如一个集团或企业，将不被允许拥有全球六大汽车品牌中的四个，因为这将使其能够以牺牲消费者为代价提高利润率。相比之下，脸书通过数十亿美元收购照片墙和瓦茨艾普，拥有六大社交媒体应用中的四个，则是可以接受的，因为这似乎不会让消费者的财务水平恶化，当然，这在很大程度上是因为这些服务是免费的。

尽管如此，科技公司利用市场权力来扩张其市场份额还是引起了学者、评论员和决策者的关注。在西方，我们倾向本能地怀疑权力的集中，我认为正是这种怀疑导致人们如此相信数字全景监狱的想法和监视资本主义理论，即强大的科技公司似乎并没有在欺骗我们，所以他们一定是在用其他更复杂、更隐蔽的方式剥削我们。

但是，还是有一类人受到科技公司市场权力的影响，那就是企业主。以迈克和马特·莫罗尼兄弟为例，他们的公司滤镜工坊（FilterGrade）为摄影师提供了一个买卖数码照片编辑工具的市场。滤镜工坊网站包含大量有价值的原创内容，可帮助摄影师使用这些工具并学习新技术。迈克和马特兄弟俩通过收集数据了解他们的用户在寻找什么，并创建满足这些需求的内容。因此，谷歌将他们在搜索列表中放在突出的位置以示奖励。但谷歌也做了一些其他的事情,它从滤镜工坊网站上提取单词和图像,并使用它们通过所谓的"精选摘要"(featured snippets)来丰富搜索结果。在某些情况下,拥有一个搜索结果中的"精选摘要"专栏对一家企业来说可是个福音。如果你在谷歌上搜索"狗的保险费是多少?",你将看到它如何照顾了保贝美的生意。但在谷歌自己有赚钱机会的地方,这可能就是一个诅咒*。

2020年4月,迈克发现在谷歌搜索"35mm电影胶片"(35mm film stocks)的结果上方的精选摘要里,展示着来自滤镜工坊网站(见下图)的内容。然而,由于搜索结果页面的用户界面设计,用户几乎不可能点击滤镜工坊的网站,相反,搜索结果上方图像和视频传送带中的链接将用户引向谷歌购物和油管上的广告。

尽管这一特定的交互界面设计后来遭到了反对,但谷歌也有曾以类似方式行使其市场权力的经历。它曾经收购了一个金融产品价格比较平台,并将其整合到贷款、信用卡和抵押贷款的搜索结果中,从点击中赚取佣金收入,而这些点击本可以进入第三方网站。它在航班出行市场也做了同样的事情,以7亿美元收购了ITA软件公司,并将其冠名为谷歌航班。在谷歌上搜索"飞往旧金山的航班",结果页上谷歌航班整合的信息占据你的屏幕的数量将与你链接到咖雅客(Kayak)和天巡(Skyscanner)等第三方网站的信息量平分秋色。

这些市场权力的行使是通过纵向一体化实现的,即由同一家公司控制同一行业价值链的不同部分。这一战略可以追溯到130

Google

35mm film stocks

Q All   ⊘ Shopping   🖼 Images   📰 News   ▶ Videos   ⋮ More   Settings   Tools

X 🎤 Q

According to filtergrade.com ☒

Kodak   Kodak Portra   Fujifilm Fuji   Kodak Gold
Professional   Color Film   1600 ASA Cu   200
Ektar 100 C...   36 EXP Film

Fujifilm   Kodak Color   Lomography   AgfaPhoto
Fujicolor Pro   Plus 200   100 Color   Vista Plus 2...
400H Color ...   35mm Color...   Negative Film   135-36 Film

filtergrade.com › top-10-color-negative-35mm-film-stocks ▼

The Top 10 Color Negative 35mm Film Stocks - FilterGrade

Apr 26, 2018 · Today we're going to break it down so that you can find your favorite color
negative 35mm film stock. Discover the perfect balance between ...

Videos

Trying Cheap 35mm Film   13 Color and Black and   7 MUST TRY 35mm
Stocks   White Film Stocks   FILM STOCKS for 2018!
                          Compared

Sign in

⠿

一个含有使用滤镜工坊内容作为精选摘要的谷歌搜索结果页

168

年前的安德鲁·卡内基(Andrew Carnegie),这位美籍苏格兰钢铁巨头拥有矿山、船舶、铁路以及钢铁厂。结果,他比他的竞争对手拥有更多的市场权力,而竞争对手依赖他控制的交通基础设施。如果他想把他们赶出钢铁行业,他需要做的就是提高货运价格,直到他们的利润率消损殆尽。在我们这个时代,纵向一体化并不是谷歌所独有的,它是所有大型科技公司的一个特点。在撰写本书时,亚马逊正在接受欧盟竞争委员会的调查,被指控行使市场权力,损害其市场平台上的第三方卖家。亚马逊在运营旗下亚马逊市场(Amazon Marketplace)* 的同时,也扮演着商人的角色,将自己的产品与广告商客户的产品并列在一起。它似乎已经使用了从市场运营商的角色中收集的销售数据,并用来决定自己以商人的角色销售什么产品。类似地,苹果运营苹果应用商店,这意味着它有能力对自己开发的应用程序给予优惠待遇。

市场权力不如全景监狱里令人自律的权力那样读起来令人兴奋,这意味着它有迷失在迷雾中的危险,就像我们在第五章讨论的供应链和内容节制的问题一样。更重要的是,要防止滥用市场权力,我们需要仔细研究有关科技公司如何与小企业(其中许多是它们的客户)打交道的细节,虽然这些细节往往是枯燥且技术性的。对"我们的"数据过于关注可能会成为此类审查的障碍,也会分散人们对它的注意力。还记得第四章提到的美国国会对谷歌搜索反竞争行为的调查吗?为了量化谷歌垂直整合对滤镜工坊等企业的

---

* 亚马逊市场是一个由亚马逊拥有和运营的电子商务平台,它使第三方卖家能够在固定价格的在线市场上与亚马逊的常规产品一起销售新产品或旧产品。通过使用亚马逊市场,第三方卖家可以访问亚马逊的客户群,亚马逊可以在不必投资额外库存的情况下扩展其网站上的产品(来自维基百科)。——译者注

影响，我们需要显示点击谷歌结果链接的用户数量的数据。但由于对跳投网*编辑人们互联网行为匿名记录的隐私担忧，此类数据不可再用。俗话说得好，损人往往不利己。

接触权力

能够帮助我们理解数字权力关系的最后一种权力类型是更新的、更独特的，它的理论性也不太强。事实上，它甚至没有名字，我们不妨称之为接触权力（Reach Power）。

市场权力虽然集中在少数几家公司身上，但它本质上是可以驾驭的，它能被有意识地运用以推进相关议程。更神秘的结构性权力或者本构性权力在整个社会中被传播，但这种权力却难以驾驭。因为它可以被利用，但不能像市场权力那样作为工具使用。从另一个角度讲，接触权力，它是一种既可驾驭又可在整个社会被传播的权力。

我之所以称之为接触权力，是因为它能让你、我和其他拥有可靠互联网连接的人接触到数十亿其他人。它是在全球范围内记录、网络、广播、召集、庆祝、认可、哄骗、影响、说服、煽动、侮辱、骚扰和煽动的权力。接触权力是通过一系列极其复杂的硬件和软件传递的，从手机摄像机到脸书的形似算法（Lookalike Algorithm）。

---

* 跳投网通过测量来自150多个网站的1 600多个类别的每次搜索、点击和购买记录，深入了解消费者的在线轨迹。市场上的主要品牌和机构利用跳投网帮助其作出更好的数据驱动决策，以推动更多流量、优化渠道、提高营销和在线销售。——译者注

它的分布如此广泛,甚至可以说它比民主本身更民主。拿投票权来说,它没有最低年龄限制,接触权力广泛存在。无论是出于政治目的还是出于商业目的,无论是出于善还是恶,都可以通过深刻的或难以察觉的方式利用它。这本书的许多例子都证明了这种二元性。我可以利用定向广告包含的接触权力来为我的老东家保贝美招募糖尿病患者和养狗的人;多米尼克·康明斯(Dominic Cummings)*用接触权力来说服人们投票脱欧。世界商店公司利用谷歌搜索的接触权力占据了带轮矮床市场;帕特里克·贝林奎特(Patrick Berlinquette)用它来追踪新冠病毒的传播;埃文·马瓦雷尔利用社交媒体的接触权力传播对抗罗伯特·穆加贝失职政府的抗议信息;罗德里戈·杜特尔特的支持者将其用于法外处决的合法化。前进组织利用脸书页面的接触权力请求马克·扎克伯格关闭他的 Beacon 计划程序;缅甸军官利用它煽动罗辛亚种族清洗等等。

这种接触权力的双重性解释了数字时代的许多矛盾。为什么我们看到同样的技术创造了自由或压迫,激起同情或仇恨。回到全景监狱的概念,我们似乎生活在这样一个世界里,在这里,理论上任何人可以占据狱警的督察室,也就是说作为有特权的权力中心,权力的流动方向是多向而非单向的。它是如此的民主近乎无政府主义,它是一个对所有人都自由的国度。我们在第二章中看到,导致政治问题的不是技术本身,而是谁可以使用脸书的大数据

---

*　多米尼克·麦肯齐·卡明斯(Dominic Mckenzie Cummings)是英国政治战略家,自 2019 年 7 月 24 日至 2020 年 11 月 13 日担任英国首相鲍里斯·约翰逊(Boris Johnson)的首席顾问。——译者注

精准定位技术。从油管里的订阅频道到推特的推文标签和瓦茨艾普的聊天群组，这些其他具备接触权力的工具也是如此。问题是，我们如何才能遏制接触权力的滥用，同时又不失去其社会效益？

注 释

1. 本章从与伦敦大学学院阿曼达·格林（Amanda Greene）博士关于数字权力本质的对话中受益匪浅。

2. 边沁的生活故事来自克里斯托弗·梅克斯特罗斯（Christopher Meckstroth）博士 2018 年 11 月 7 日在剑桥的演讲，本章稍后将对此进行描述。

3. 关于德国的自动驾驶汽车监管，参见 Gershgorn, D., "Germany's Self-driving Car Ethicists: All Lives Matter", *Quartz*, 24 August 2017。有关自动驾驶汽车和功利主义的更多信息，请参见第九章。

4. 杰里米·边沁对全景监狱的描述可通过在线自由图书馆（Online Library of Liberty）查询，https://oll. libertyfund. org/titles/bentham-the-works-of-jeremy-bentham-vol-4/simple＃1f0872-04_head_010。

5. 关于社交媒体是全景监狱的长篇文章包括：

Chu, A., "The Social Web and the Digital Panopticon", *TechCrunch*, 18 October 2015.

McMullan, T., "What Does the Panopticon Mean in the Age of Digital Surveillance?", *Guardian*, 23 July 2015.

脸书是全景监狱吗？

1. 新闻周刊的标题来自 Baker, K., "Facebook's Online Panopticon", *Newsweek*, 1 October 2012。

2. 奥威尔引用的话来自 Orwell, G., *Nineteen Eighty-Four*, Signet Classics, New York, 1949。

3. 关于福柯的参考文献具体为：

- Foucault, M. and Sheridan, A., *Discipline and Punish: The Birth of the Prison*, Vintage Books, New York, 1995.

- Foucault, M., Two Lectures in, *Power/Knowledge: Selected Interviews and Other Writings*, 1972—7, Harvester, Brighton, 1980.

- Patton, P., "Taylor and Foucault on Power and Freedom", *Political Studies*, XXXVII, 1989, pp.260—276.

- Fornet-Betancourt，R.，Becker，H.，Gomez-Müller，A. and Gauthier，J.D.，"The Ethic of Care for the Self as a Practice of Freedom：An Interview with Michel Foucault on 20 January 1984"，*Philosophy & Social Criticism*，12(2—3)，1987，pp.112—131.

4. 关于近代欧洲早期的监视理论,参见 Gorski，P.S.，"The Protestant Ethic Revisited：Disciplinary Revolution and State Formation in Holland and Prussia"，*American Journal of Sociology*，Vol.99，No.2，1993，pp.265—316。

5. 关于 Beacon 程序的争论,参见：

- Taplin，J.T.，*Move Fast and Break Things：How Facebook，Google and Amazon Have Cornered Culture and What It Means for All of Us*，Macmillan，London，2017.
- Doyle，W. and Fraser，M.，"Facebook，Surveillance and Power" in Wittkower，D.(ed.) *Facebook and Philosophy：What's On Your Mind?*，Open Court Publishing Company，Chicago，2010，pp.222—223.
- Scharding，T.，*This Is Business Ethics：An Introduction*，Wiley，London，2018，p.167.

谷歌是全景监狱吗?

1. 谷歌分析、谷歌广告和油管用户数量统计数据来自 https://marketingland.com/as-google-analytics-turns-10-we-ask-how-many-websites-use-it-151892;以及 Tubics(https://www.tubics.com/blog/number-of-youtubechannels)。报纸发行量数据来自 https://www.statista.com/statistics/184682/us-daily-newspapers-bycirculation。智能手机使用统计数据来自 Ofcom(2018)，"A Decade of Digital Dependency"，https://www.ofcom.org.uk/about-ofcom/latest/media/media-releases/2018/decade-of-digital-dependency;以及 Bank of America (2018)，"Trends in Community Mobility"。

剑桥权力

1. 剑桥大学塞利历史图书馆(Sceley Historical Library)对人文学科学生的体能进行了评估,参见 Banham，R.，"Reyner Banham Reviews James Stirling's Cambridge History Faculty"，*The Architectural Review*，14 November 1968。

2. 与自拍有关的死亡案例分析参见 Bansal，A.，Garg，C.，Pakhare，A. and Gupta，S.，"Selfies：A Boon or Bane?"，*Journal of Family Medicine and Primary Care*，7(4)，2018，pp.828—831。佛罗里达博物馆的"国际鲨鱼袭击档案"提供了与其他死亡原因的比较,参见 https://www.floridamuseum.ufl.edu/shark-attacks/odds/compare-risk/death。

市场权力

1. 有关科技公司游说支出的统计数据来自 Kang，C. and Vogel，K.P.，"Tech Giants Amass a Lobbying Army for an Epic Washington Battle"，*New York Times*，5 June 2019。

2. 迈克·默勒尼(Mike Moloney)在推特帖子中描述了谷歌精选摘要对滤镜工坊产生负面作用的方式,参见 https://twitter.com/moloneymike/status/1249865960338661377。

3. 搜索引擎观察（Search Engine Watch）（https://www.searchenginewatch.com/2016/02/23/google-to-close-its-financial-comparison-service/）以及《连线》杂志（https://www.wired.com/2011/04/google-ita/）对谷歌的垂直整合收购进行了总结。

4. 欧盟委员会对苹果反竞争行为的调查参见 https://ec.europa.eu/commission/presscorner/detail/en/IP_19_4291，还可参见科技文摘 https://techcrunch.com/2019/05/06/eu-will-reportedly-investigate-apple/。

接触权力

　　自由之家的网站列出了"不自由"国家的名单：https://fredomhouse.org/countries/freedom-world/scores?sort＝asc&order＝Total%20Score%20and%20Status。

科技公司 首席执行官 的傲慢

7

在希腊神话中，克里特岛国王米诺斯委托工匠大师代达罗斯建造一个地下迷宫，以便把弥诺陶洛斯关在那里——一个他妻子孕育的人牛混血儿关在那里。当迷宫建成后，国王反将代达罗斯和他的儿子伊卡洛斯囚禁在一座塔里，这样他就可以保守迷宫的秘密。为了逃脱，代达罗斯用绳子和蜡把羽毛绑在一起，制作翅膀，并教伊卡洛斯飞翔。当他们准备起飞时，代达罗斯提醒他的儿子不要在海面上飞得太低，以防浪花浸透羽毛，或者飞得太高，以防太阳将蜡融化。但就如我们所担心的那样，伊卡洛斯对这些警告并未理会。他陶醉于飞行体验里，忘记了死亡的危险，他直上云霄，粘翅膀的蜡被太阳烤化了，最终坠入水中丢掉了性命。

伊卡洛斯的故事告诉我们，傲慢是危险的，过度的骄傲会导致行为失当，最终导致灾难甚至灭亡。这则神话故事通常在关于科技公司创始人和首席执行官的论述文章中被引用，例如伊丽莎白·霍姆斯（Elizabeth Holmes）和亚当·纽曼（Adam Neumann）就是最近的两个例子。

霍姆斯的赛拉诺斯(Theranos)公司致力于开发革新性的血液检测技术,这种技术只需一次手指穿刺取血即可完成。仅仅几滴血就足以让赛拉诺斯实验室去筛查数百种疾病,从性病到糖尿病再到癌症。在从鲁珀特·默多克(Rupert Murdoch)、卡洛斯·斯利姆(Carlos Slim)和沃顿家族(Walton family)等投资者那里筹集了约7亿美元资金后,赛拉诺斯花了十年时间秘密开发血液检测技术。它没有在同行评议的期刊上发表关于其研究的论文,样品只提供给那些准备签署保密协议的客户,甚至在这些客户参观赛拉诺斯公司位于加州帕洛阿图(Palo Alto)的总部时,公司会派专人陪同客户上厕所。霍姆斯的会议室仿照总统椭圆形办公室建造,连家具和防弹窗的配置都相同。霍姆斯有一架私人喷气式飞机和一批保镖,这批保镖的代号是"鹰隼一号"(Eagle One)。

2015年,40家赛拉诺斯检测中心在亚利桑那州凤凰城的沃尔格林连锁药店(Walgreens)的各分支机构开设。赛拉诺斯似乎即将实现其愿景,即以常规成本的一小部分就可以进行全面的血液筛查。但问题是,血液筛查并没有发挥作用。有调查性新闻报道显示,塞拉诺斯根本没有成功地开发出新的筛查技术;事实上,他们将微小的血样稀释,并使用西门子制造的标准设备进行分析。筛查结果非常不可靠,这导致使用赛拉诺斯服务的沃尔格林连锁药店的顾客被错误地建议停止服用他们仍然需要的药物,或者进行不必要的医疗程序。这家价值100亿美元的"高科技"公司顷然倒闭了,霍姆斯被指控犯有多项欺诈罪。

亚当·纽曼虽然没有犯欺诈罪,但他作为高档写字楼租赁公司维沃(WeWork)联合创始人兼首席执行官,所破坏的股东价值远远超过了霍姆斯。2019年初,日本软银向维沃投入了20亿美元,估值为470亿美元,预计该年晚些时候将以600亿至1 000亿美元的估值进行首次公开募股(IPO)。470亿美元几乎是撰写本文时乐购超市(Tesco)或巴克莱银行市值的两倍。仅仅一年后,IPO失败,维沃就被软银全资拥有,现在软银对它的估值为29亿美元,比以前少了440亿美元。

纽曼这个人,以其个人魅力和怪癖而闻名。他只用了28分钟就说服软银在2016年对维沃进行了44亿美元的初始投资。他在宣布裁员后喝了一杯龙舌兰酒,在租来的湾流喷气式飞机上吸了一口大麻,剩下的一部分藏在一个麦片盒里,留在飞机上,准备返程。他亲自将"我们"(We)这一常用主格代词注册为商标,然后以590万美元的价格将其出售给公司。维沃的IPO文件记录了公司的使命是"提升世界的认知"。这对于一家服务式办公企业来说是一项艰巨的任务,就算它如承诺的那样向其租客提供免费的馥芮白咖啡。

与霍姆斯不同的是,纽曼没有在公司的产品或能力方面误导任何人。但他确实让投资者相信,维沃有一种神奇的东西,表明着它是拥有专有技术的公司。科技公司的估值是在它们的边际成本接近于零的前提下被预测的。如创建100万个新的推特账户或100万份新的微软办公软件复本基本上是免费的。因此,科技公司增长的唯一实际限制是需求。然而,维沃则完全不同,它满足更多需求意味着租赁和装修更多的建筑。截至2017年,维沃共在253个办公地点使用了500万公斤铝制作了办公室隔板;仅在2017年那一年,它就购买了100万平方米的白橡木地板。可以这么说,当你背着那么重的东西时,很难翱翔天空。

科技公司首席执行官们挑战地心引力的愿望既可以是字面上的,也可以是实际行动上的,而埃隆·马斯克(Elon Musk)的SpaceX火箭的目标是到达火星,进行地质工程并向火星上移民,因为他认为如果未来我们不能像一个"多行星生命物种"那样生存的话,那真是一个"令人难以置信地沮丧"的未来。科技公司首席执行官们试图超越死亡的愿望也是如此。马斯克关于永生的愿景涉及脑机接口,这将使人们能够将自己的思想上传到云端;亚马逊的杰夫·贝佐斯(Jeff Bezos)、谷歌创始人拉里·佩奇(Larry Page)和谢尔盖·布林(Sergey Brin)以及贝宝(PayPal)的彼得·泰尔(Peter Thiel)等其他科技公司首席执行官也投资了超低温设备、干细胞治疗、实验性输血程序和抗衰老药物。他们的基本假设是,人类的行星和生物局限性是可以系统解决的工程问题。

究竟科技行业的哪些方面助长了首席执行官们的自大呢?我想,一个显著的原因是他们功成名就的时候太年轻了。史蒂夫·乔布斯40岁时是个亿万富翁;杰夫·贝佐斯是35岁;比尔·盖茨是31岁;拉里·佩奇是30岁。马克·扎克伯格和埃文·斯皮格尔都在26岁生日前达到了这一里程碑。如果你在人生的早期阶段就取得了如此多的成就,那么你认为自己可以做任何事情就不足为奇了。

他们的傲慢也与他们对历史的遗忘或无知有关。世界上所有最大的科技公司的基础是冷战期间美国政府的大规模投资。国防高级研究计划署(DARPA)的工作为互联网奠定了基础,苹果、亚马逊、微软、谷歌、脸书、色拉布和其他所有大科技公司都是在互联网上建立起来的。然而,很少听到科技公司的首席执行官们在讲自己出身的故事中赞扬政府。他们更有可能表达自由主义观点,尽管他们的会计师致力于最大限度地增加补贴和减少公司税账单。回到本章开头的神话,我们可以把国防高级研究计划署想象成代达罗斯,一旦伊卡洛斯起飞,他就忘记了养育他、传授他飞行技艺的工匠大师父亲,而是把飞行的奇迹归功于他自己的天赋。

还有更多傲慢的技术愿景的例子,从马斯克销售 20 000 个火焰喷射器以帮助美国人在《僵尸启示录》那样的事件中自卫,到彼得·泰尔支持在海洋的混凝土驳船上建立新的私有城邦的"海上家园"计划。当他们的计划落空时,取笑他们并体验幸灾乐祸是让人愉悦的,但他们的狂妄自大也有不那么引人注目、更严肃的一面。

科技公司首席执行官们的傲慢给了我们一个世界,在这个世界里,一个国家和政府间组织的角色越来越被私人基金会所占据,这一体系有时被称为"慈善资本主义"(philanthro capitalism)。比尔·盖茨赞同经济学家托马斯·皮凯蒂(Thomas Piketty)对不平等性的解释。皮凯蒂在其极具影响力的著作《21 世纪资本论》中指出,资本回报率总是超过经济增长,导致财富的社会破坏性集中。尽管如此,盖茨反对皮凯蒂提出的征收全球财富税以解决不平等问题的建议。正如林西·麦戈伊(Linsey McGoey)所写的,我们只能得出结论,盖茨认为他和盖茨基金会的共同受托人梅琳达·盖茨(Melinda Gates)和沃伦·巴菲特比政府和国际机构更善于花钱,以减轻贫困、饥饿,并提高社会整体教育素养,促进健康水平。他还必须让人们相信，私人基金会取得的成果恰好证明了基金会运作缺乏透明度和问责制的合理性，就算是基金会对政府公共服务支出造成损害也是合理的。

当然这并不是批评盖茨基金会的工作，使用470亿美元进行捐赠显然比购买维沃的所有股票更有益于社会效益的提升。其实，我想强调的是盖茨的傲慢，他认定自己的个人善意是一个政治制度可以接受的替代品。如果世界各国政府设法实施财富税，他肯定也得像我们其他人一样交税。

科技公司首席执行官的傲慢也导致当下的公司治理规范正在逐渐被解构。一个例子是双重股权结构的盛行，这种结构给予一些股东与其所持股权不成比例的投票权。在公司发展的早期阶段，持有不同类别的股票可以保护具有长期发展愿景的创始人，使其不会被具有短期投机动机的投资者强迫选择与他们意愿相悖的战略方向。这对我的老东家保贝美来说无疑也是一个考虑因素。我们试图解决保险业长期存在的缺陷，不希望投资者迫使我们提高价格或削减产品开发投资。在这种情况下，我们设法在足够长的时间内保留了公司50%以上的股权，因此我们从来不需要额外的保护。但假如我们需要筹集更多的资金，那么设计一种赋予创始人更多投票权的不同的股份类别是有帮助的。在公司准备上市的后期阶段，双重股权结构被用于保护创始人控制权。

在维沃，双重股权结构给予亚当·纽曼普通股股东20倍的投票权。此外，该公司的首次公开募股文件赋予其妻子和商业合作伙伴丽贝卡·帕特罗·纽曼在其去世时选择继任者的独家权利。令人难以置信的是，亚当和丽贝卡甚至打算让纽曼家族的后代保留公司的控股权。2019年,纽曼在接受维沃员工采访时说:"重要的是,有一天,也许100年,也许300年,我的曾曾孙女会走进股东大会的房间说:'嘿,也许你们不认识我,但我实际上掌控着这个地方。你们现在的所作所为不符合我们家族当初创立公司时候的愿景。'"纽曼的主张是,只有他的亲生后代才有能力让公司承担起公司"提升世界认知"的使命。

维沃的双重股权结构在市场上并不是一个特例。缤趣(Pinterest)创始人的每一票投票权可以视为普通股持有人每一票投票权的20倍;在2017年的首次公开募股中,色拉布(Snap)在2017年IPO时发行了无投票权股票;拉里·佩奇和谢尔盖·布林仍然控制着谷歌50%以上的投票权。但其中最典型的例子是脸书。马克·扎克伯格不仅是董事长兼首席执行官,他还持有多数有投票权的股票。他可以自行决定脸书其他股东一致反对的收购、合并或处置,或阻止他们支持的收购、合并或处置。他可以随意任命或罢免脸书董事会成员,但不能解雇自己。因此,他对公司的管理完全不受约束,他只对自己负责。甚至脸书自己向美国证券交易委员会提交的文件中也将这种安排称为"集中控制"。当他去世后,控制权将完好无损地移交给他提名的任何人。

扎克伯格如何为"集中控制"辩护呢?他声称,由于脸书是他所谓的"受控公司",它可以抵制"短期股东的突发奇想",还可以通过作出"不总是马上有回报的决定"来"服务于我们的社区",如拒绝接管的方案、投资对盈利有不利影响的证券或者收购照片墙。扎克伯格并不认为脸书"赋予人们建立社区和让世界更紧密的力量"的使命证明了这些控制手段的正当性,但他认为"集中控制"是一种优越的公司治理形式。他似乎认为，传统的治理方式无非以牺牲公司用户的利益为代价来促进股东的直接物质利益。与比尔·盖茨一样，扎克伯格也提出了一个支持"集中控制"的慈善资本主义观点，那就是脸书的双重股权结构使他的绝大多数个人财富能够被引导到第三产业和促进教育、公共卫生和社会正义的慈善活动中去。

扎克伯格对"集中控制"的执着具有讽刺意味，因为他是一个典型的自由主义者。我并不是随便将"集中控制"和"自由主义"对比来用，更不是将"自由主义"作为"进步"的同义词，而是说作为诞生于大约17、18世纪的一种特定的政治思想，"自由主义"至今仍然在西方占主导地位。历史上，自由主义与约翰·斯图亚特·穆勒、亚历克西斯·德·托克维尔（Alexis de Tocqueville）和杰里米·边沁等思想家联系在一起，而离我们这个时代最近的哲学家则是约翰·罗尔斯（John Rawls）和玛莎·努斯鲍姆（Martha Nussbaum）等哲学家。尽管政治理论家们对什么是自由主义和什么不是自由主义有很多争论，但他们能达成共识的一点是，自由主义者无法忍受绝对权力，因为它对人类自由构成了危险。每当自由主义者看到权力被集中，他们就会产生怀疑，本能地想通过法律、审核和制衡制度来约束权力。扎克伯格在其他方面表现出无可挑剔的自由主义，但他似乎忽视了一个事实，那就是他对脸书的"集中控制"是一种对自由的冒犯。这就是他的傲慢。

然而，当傲慢与自由政治相结合时，脸书才是最危险的。要理解它是如何促成威权镇压和种族清洗的，我们需要理解被我称为"扎克自由主义"到底是什么。

扎克自由主义

在搜寻扎克伯格政治主张综述时，评论家们通常会提到他在2017 年发表的一篇 5 700 字的文章《构建全球社区》。扎克伯格在文章中明确表示，他希望脸书在"传播繁荣和自由、促进和平与理解、让人们摆脱贫困、加速科学发展"的自由事业中发挥作用。他的批评者对此不屑一顾，约翰·诺顿(John Naughton)将这篇文章斥为"令人吃惊的天真"，而肖沙娜·祖波夫则将其视为脸书版监视资本主义的障眼法。

但扎克伯格的想法远不止这篇文章所表达的内容。事实上，密尔沃基的马奎特大学的一个研究团队已经收集了 1 000 多份他自 2004 年以来所说或所写内容的草稿，这些草稿保存在一个名为"扎克伯格档案"的综合数字档案中。正是通过挖掘这一资源，我对扎克伯格的自由主义思想和他对脸书的既定使命的承诺得出了结论。在接下来的内容中，我将阐述为什么当他说他想赋予人们权力、让世界的联系更加紧密时，你应该相信他所说的话。

那么，扎克自由主义到底是什么？要回答这个问题，不妨从思考它不是什么开始。尽管人们理所当然地认为跨境经济自由交换是一件好事，但扎克自由主义与新自由主义并不相同，新自由主义是费里德里希·哈耶克(Friedrich Hayek)提出的放松管制和自由市场的意识形态，后来被撒切尔夫人(Margaret Thatcher)和罗纳德·里根总统(Ronald Reagan)所接受。与约翰·佩里·巴洛

(John Perry Barlow)等硅谷反文化人士相关的自由主义也不相同，巴洛拒绝接受政府的有用性，并鼓吹像火人节*和扎克伯格的海上家园计划这样的乌托邦实验。扎克式的自由主义反而是一个更为经典的版本，信奉这一自由主义的思想家们将其视为真正的自由主义。它基于四个相互关联的理念：

1. 人类价值观的多元化。
2. 他们是理性的。
3. 因此，鼓励言论自由……
4. ……会带来更大的相互理解和进步。

我们可以用扎克伯格自己的话来解释这些想法。技术是"改善人们生活的巨大杠杆"，因此脸书有"道德责任"去提供普遍可访问的"社会基础设施"，实现线下和线上的"有意义的联系"和"有意义的互动"。在一个"社会和文化规范大相径庭"的世界里，脸书必须是一个"为所有想法服务的平台"，"让每个人都有发言权"，"帮助促进多样性和多元化观点"，同时避免对什么是可接受的言论进行评判。因此，最基本的是言论自由的重要性，即使是"否认大屠杀发生的人"的言论权利也必须得到保护。随着对话的进行和深入，将最终"建立共识"，通过关注"什么使我们团结起来"来克服诸

---

* 火人节（Burning Man Festival）始于1986年，其基本宗旨是提倡社区观念、包容、创造性、时尚以及反消费主义。火人节为期8天，每年8月底至9月初在美国内华达州黑石沙漠（Black Rock Desert）举行。每年这个时间，来自世界各地的人涌入这里，所有的参与者被称作燃烧者（Burner）。在沙漠中唯一售卖的是冰和咖啡，除此之外没有任何商业行为，所有生活用品必须自带。燃烧者们在节日中会穿着奇装异服甚至全裸，大家会围着观看一个十几米高的木制男雕像燃烧，以此庆祝节日。——译者注

如"伊斯兰恐惧症"等问题。一旦"所有人都有能力分享他们的经历,整个世界"将朝着成为一个"为每个人工作的全球社区"的方向进步。

扎克伯格的观点与自由主义思想史密切关联。将过去视为人类进步之历史的观点可以追溯到德国自由主义哲学家黑格尔(1770—1831年),尽管扎克伯格在脸书上的帖子表明,给他带来直接影响的是现代黑格尔的崇拜者们所写的书,比如史蒂文·平克(Steven Pinker)的《人性中的善良天使》(*The Better Angels of Our Nature*)和尤瓦尔·诺亚·赫拉利(Yuval Noah Harari)的《人类简史》。自由主义政治理论家本杰明·康斯坦特(1767—1830年)和激进自由主义政治家理查德·科布登(1804—1865年)的著作中提到,不同国籍的人之间的联系比国家之间的国际关系对世界和平的贡献更大。扎克伯格的"全球共同体"所隐含的相互依存,呼应了 L.T.霍布豪斯(1864—1929年)、J.A.霍布森(1858—1940年)和赫伯特·克罗利(1869—1930年)等新自由主义者所称的"有机主义"。受生物学进步的影响,有机主义将政治团体视为活的有机体,这意味着如果"政治体"的一部分受到伤害或患病,这将不可避免地损害整体。这一理念为公共卫生改革以及在 20 世纪初引入国家养老金和失业福利提供了理论上的正当性依据。

此外,扎克自由主义强调"线下"社区的价值,如俱乐部、协会、参政议政会议等等。在强调其价值的过程中,扎克自由主义借鉴了两个经典的自由主义著作,即亚历克西斯·德·托克维尔赞美公民文化的《美国民主》(*Democracy in America*,1835 年)和罗伯特·普特南(Robert Putnam)哀叹自由主义的衰落的《独自打保龄》(*Bowling Alone*，2000 年)。扎克自由主义同时也是多元主义的，这意味着它确认具有不同价值观、信仰和生活方式的人可以和平共处。多元主义植根于以赛亚·柏林（1909—1997 年）、玛莎·努斯鲍姆（1947—）和约翰·罗尔斯（1921—2002 年）的自由主义哲学，其中罗尔斯显然直接影响了扎克伯格。在《正义论》中，罗尔斯提出了一个被称为"原初立场"（Original Position）的思想实验，要求读者想象他们出生前的自己，不去考虑他们的性别、种族、民族性、能力或偏好，然后考虑他们想要出生在哪一种政治制度下（剧透：作者认为你应该意识到自由民主是最公平的制度）。扎克伯格描述说，他习惯用罗尔斯的思想实验作为帮助他作出决策的工具，他长期的副手安德鲁·博斯沃思（Andrew Bosworth）也是如此。博斯沃思用"思想试验"这一工具向员工解释，为什么脸书不会在 2020 年美国总统选举中对候选人的广告或帖子进行事实核查。扎克自由主义的另一个核心概念是"足够的共同理解"，这是对罗尔斯"重叠共识"的一种诠释，即价值观迥异的群体有可能就共同原则达成一致并将其作为政治制度的基础。从本质上讲，扎克自由主义主张，如果脸书用户之间能够建立起"足够的共识"，脸书就可以形成全球政治共同体的基础，而分裂的民族国家则可能消亡。

最后，言论自由在扎克自由主义中的体现可以理解为约翰·斯图亚特·穆勒在《论自由》一书中所提出的观点的阐释性版本，该书是自由主义历史上最重要的著作之一。穆勒认为，人们"通过自由平等的讨论得以进步"，而"不同意见的碰撞"使参与激烈辩论的人逐渐接近真相。因此，至关重要的是，人们有"绝对自由"来

"表达和发表"关于"所有主题的观点和情感",而不必担心被审查或惩罚。对穆勒来说,保护少数派的观点尤其重要,这样才能避免"主流观点和情感的暴政"。在扎克伯格的领导下,脸书试图将这些自由主义原则融入数字时代。

对于本书的许多读者来说,这些想法听起来非常合理的,西方文化规范被自由主义渗透得如此之深,以至于它们似乎不言而喻。但问题是,《论自由》中提出的观点来自遥远的 1859 年。要知道,对于自由主义的发展来说,19 世纪中叶是它年轻且充满希望的全盛时期。那时,学校教育还不属于义务教育;只有五分之一的男性——注意没有女性——拥有投票权;城市中的贫困仍普遍存在,而自由主义者认为完全有理由相信国家教育,而政治和公民自由的扩张,以及物质繁荣的进步将终结偏见、狭隘和宗派主义等社会弊病。

但事物并不总是如此。到了 20 世纪头十年,"自由主义危机"就已经出现。塞尔斯汀·布格莱(Célestin Boglé)在 1902 年发表的一篇名为《自由主义危机》的文章中指出,自由主义者在利用国家权力消灭种族和宗教偏见之前,应该容许种族和宗教的自由选择。霍布森在 1909 年的《自由主义危机》一书中指出,自由主义者正在失去与保守和反动势力的斗争——或者用今天的话来说,这是一场"文化战争"。即使索姆河战役、广岛战争和无数其他现代暴行还在后头,古典自由主义的局限性已经显而易见。

数字时代凸显了这些局限性。穆勒的"损害"概念很狭隘,损害包括人身损害和财产剥夺,这样的界定在一个人们可能受到网络欺凌、诈骗、色情或流媒体暴力伤害的世界里是狭隘的。穆勒认为,意见的冲突可以揭示真相,因为这有助于"中立的旁观者"更清楚地看到事情的本质。但在我们这个时代,社交媒体反馈算法过滤掉了那些我们可能成为"中立的旁观者"的争论,这意味着我们只能看到那些我们已经参与其中的讨论。穆勒走在了他时代的前列,拒绝遵循个人关系中的习俗,热情地支持男女平等。但如果认为他关于言论自由的观点是永恒的真理,可以直接在今天适用而无需重新评估,那还是错了。

我相信扎克自由主义可以解释脸书的许多行为,毕竟仅靠资本主义本身的必要性是不足以解释的。以脸书190亿美元收购瓦茨艾普作为一个例子。肖沙娜·祖波夫将这一事件归因于脸书希望控制"大量涌入"应用程序的"人类行为流"。我不认为这种解释有说服力。瓦茨艾普的端到端加密意味着脸书无法访问其大部分数据;此外,瓦茨艾普没有媒体库存,因此无法产生广告收入。在解释收购的理由时,扎克伯格将其置于脸书"连接整个世界"和"为全球社区建设基础设施"的目标背景下,这与扎克伯格文件中的草稿文本提出的观点是一致的。值得注意的是,扎克伯格在发表上述言论时,听众是来自瑞银、摩根大通和野村证券等银行的投资分析师们。如果扎克自由主义是烟雾弹或是诱饵,那么在如此明显的资本主义背景下,它是毫无用处的。相反,它的存在表明它就是脸书的指导思想。该公司负责全球事务的副总裁尼克·克莱格爵士(Sir Nick Clegg)和负责欧洲、中东和非洲地区(EMEA)公共政策的副总裁哈兰勋爵(Lord Allan of Hallam)都是前自由民主党议员,这并非巧合。

扎克自由主义也是理解脸书为何无歧视地分配接触权力的关键。如前文所述,接触权力是数字技术普通用户可以行使的一种独特的新型权力。脸书许多糟糕行为的意外后果都源于扎克自由主义信念:"总的来说,人是好的,因此扩大(他们的技术能力)会产生积极的影响。"似乎当一个人在思想上致力于善良和进步时,他无法想象图形接口(Graph API)如何以邪恶的意图"放大"应用程序开发人员的能力,"相似受众"功能如何使边缘政治党派能够像电子商务初创企业一样快速发展,或者加密的瓦茨艾普群组信息如何被用来煽动和协调暴力。

有了解释这些意外后果的证据,扎克自由主义有持久的生命力也不足为奇了。在 2016 年美国总统选举期间,扎克伯格在脸书上发布了一条回应脸书是发布虚假信息渠道的帖子,重申了他对人类美德和进步的信念,并总结道:"根据我的经验,人性本善,即使你今天可能不这么认为,相信人在漫长的时间里会变得越来越好。"尽管从缅甸获得的收入微乎其微,并产生了巨大的声誉成本,但脸书仍继续在那里运营。即使扎克伯格承认他创建的企业便利了罗辛亚人的种族清洗,他还是对人类进步持开放的乐观态度,发现"令人振奋的"是,千禧一代"最认同的不是他们的国籍,甚至不是他们的种族……[而是]作为世界公民的身份"。他总结认为,他并不必须在意那些脸书无歧视地分配接触权力的后果,而需要在意年轻一代开明的全球公民的崛起将使人类能够超越民族和种族冲突。对扎克自由主义者来说,人类的残忍就像对火星的殖民或生命的死亡,是一个有待解决的工程问题。因此,我们有理由预见,脸书的产品将继续被用来缓解痛苦。

卡普现实主义

科技公司首席执行官们的傲慢与另一种政治学混合在一起时，会成为一杯烈性鸡尾酒。马克·扎克伯格希望超越民族国家，而其他科技公司的首席执行官则希望巩固民族国家。对他们来说，世界不是一个人类共同进步的地方，而是大国之间不断竞争的舞台。在国际关系中，这种观点被称为现实政治或现实主义。虽然自由主义者相信合作会产生最好的结果，但现实主义者玩的是零和博弈，只能以赢家和输家结束，而你必须选边站队。

对首席执行官中的现实主义者来说，美国技术公司的正确作用就是要推进和实现美国的战略利益。有时，这可能与自由价值观相一致。例如，当美国的外交政策议程包括促进民主和自由贸易时。但在其他时候，这可能会与自由价值观相冲突。在所谓的"反恐战争"期间，许多科技公司似乎已与美国政府达成合意，帮助美国政府悄悄地监控本国公民的私人通信，就像美国国家安全局告密者爱德华·斯诺登（Edward Snowden）后来透露的那样。在与中国的经济和地缘政治竞争加剧之际，前谷歌首席执行官兼执行主席埃里克·施密特（Eric Schmidt）担任了五角大楼国防创新委员会主席。在那里，他警告说，美国及其盟国允许华为为他们建设 5G 基础设施将是一个战略错误。不是因为有被中国政府监视的风险，而是因为这将允许中国公司在一项关键的新兴技术上巩固其相对于西方竞争对手的优势。

自施密特离职以来,谷歌似乎采取了更为自由的转变。2018年,它退出了五角大楼利用人工智能分析航空图像的 Maven 计划(Project Maven)。在致首席执行官桑达尔·皮查伊的公开信中,谷歌员工表示担心 Maven 计划会被用来提高无人机打击的精确性,声称"谷歌不应该从事战争业务",虽然这些人也许忘记了谷歌的存在有一部分功劳要归于美国国防高级研究计划署。对美国政府来说,幸运的是帕兰提尔公司(Palantir Technologies)*的首席执行官亚历克斯·卡普(Alex Karp)持不同的观点,美国政府非常高兴他能够站出来。

　　由中央情报局(CIA)的风险投资基金进行种子投资的帕兰提尔成立于"9·11"事件后,它通常被人们界定为一家"大数据"公司,但这其实有点误导性。与谷歌或者脸书不同,帕兰提尔本身并不收集数据,而是提供软件工具和分析咨询服务,帮助企业从自己的数据中获取深刻的见解。它最初专注于美国国防和国家安全,后来又转向移民和执法等其他政府部门,以及金融服务、制造业和制药等行业。事实证明,用于预测伊拉克路边炸弹位置和发现国际网络间谍网络的工具和技术,也可以用来预测欺诈性的利益投机行为和查明投资银行的内幕交易。

---

*　帕兰提尔(Palantir)这家公司是彼得·泰尔在 2004 年亲手创办的,而帕兰提尔目前的首席执行官亚历克斯·卡普就是泰尔在斯坦福大学读书时的室友。这家公司非常神秘,外界对它的解读是一家大数据公司,主要针对政府和企业客户进行大数据分析,其客户包括美国国家安全局、中央情报局和联邦调查局等。它与五角大楼等政府部门关系密切。据报道,帕兰提尔成立之后,其第一笔外部资金就来自中情局的创投基金In-Q-Tel,而且在早期,它完全依赖中情局以及其他政府部门的订单,为它们开发定制的软件等。后来,帕兰提尔的业务也扩展到政府部门之外,比如说摩根大通。但这家公司的业务受到来自多方的关于其合法性及伦理问题的质疑。后来也有媒体质疑称其有一些不能公之于众的生意,比如说想要通过各种方式来打击 Wikileaks(也就是维基解密)(资料来源:https://www.ifanr.com/768135)。——译者注

帕兰提尔的批评者将此视为技术和数据"武器化"的一个例子。为打击美国对手而开发的产品正在针对美国本土的公民。除了 Maven 计划，一个特别有争议的例子是他们参与了所谓的"预测性警务"，即利用大数据分析部署执法人员以应对涉嫌犯罪行为。这令人奇怪地联想到电影《少数派报告》，预测性警务可能导致种族和阶级歧视的自我强化循环。另一个例子是帕兰提尔开发的软件，使美国移民和海关执法局（ICE）能够识别非法移民并收集驱逐他们所需的证据。来自包括联邦调查局、缉毒署和私人安全承包商在内的各种来源的数据汇集在帕兰提尔的平台上，使移民和海关执法局的特工能够更有效地开展案件工作。

这与使用脸书"相似受众"功能招募极右翼团体的支持者，或使用加密的瓦茨艾普消息煽动种族仇恨截然不同。定位更准确的炸弹、更多数量的逮捕和更快的驱逐不是意外的结果，这些都是帕兰提尔希望其技术能够实现的结果。那么卡普如何证明这些行为的正当性呢？如果我们仔细观察他在采访和演讲中所作的公开声明，我们会发现现实主义的影子。他将帕兰提尔的业务描述为"通过寻找干坏事的人来达成拯救生命和保护生命的技术"。这些"坏事"可能是"在反恐领域，在网络领域"，也可能是"金融渎职［或］抵押贷款欺诈"，但正是"我们政府工作的影响使命"让卡普"最自豪"。卡普不满许多科技公司的首席执行官将硅谷视为一个"孤岛"，而没有认识到它是"美国本土的一部分……甚至是一个更大整体的一部分，这个更大的整体使你们的公司的存在成为可能，保护其免受恐怖袭击"。他们（首席执行官）"应该参与这场斗争"，让"西方价值观在世界范围内大获全胜"。恐怖主义不是对这些价值观的唯一威胁。和施密特一样，卡普认为中国的技术正在破坏美国的霸权，并希望美国科技公司抛开道德疑虑，在科技竞争中"倾尽所有、争取胜利"。

对卡普来说，亚当·纽曼关于"提升世界的认知"的企业使命或者马克·扎克伯格关于"建立全球社区"的言论都是危险的胡言乱语。世界是一个战场，有赢家也有输家，你要么支持我们，要么反对我们。

与大多数帕兰提尔的批评者不同，我认为该公司的产品本身在道德上并不令人反感，我看不出它们与其竞争对手在商业智能（BI）软件类别中的产品有什么本质区别，看起来都一样枯燥。当我听到卡普描述整合不同数据源以识别"坏人"的过程时，它听起来在功能上与我近 20 年前在零售银行工作时风靡一时的"个人客户画像"项目完全相同。与电话和公用事业公司一样，银行也根据账户类型，将其信息系统建立在数据竖井（data silo）中。这意味着很容易看到拥有特定类型账户的客户，但几乎不可能看到特定客户持有的账户类型。如果你试图向同一客户服务经纪人咨询您的信用卡和抵押贷款，你就会知道这一点。针对这一问题，Tableau和 SAP 等商业智能（BI）软件公司以及微软的 Power BI 等产品应运而生。如今，这些公司与帕兰提尔在同一个市场上竞争。

在这一背景下，对帕兰提尔参与 Maven 计划、预测性警务和移民执法的反对意见开始看起来像是对该技术用于实施的政策的反对，而不是对技术本身的反对。当然，对这些政策负责的是政治代表，选民可以请愿并在投票箱中赶这些人下台。帕兰提尔是错误的靶子。

还有其他理由怀疑帕兰提尔软件是不道德的。哥谭（Gotham）是帕兰提尔旗下一款寻找"坏人"的产品，与脸书广告不同的是，它拥有大量的控制功能。例如有一些功能可以确保在一个搜寻目标中收集的数据不能用于其他目标或者没有可靠的允许不能查看，并且用户可以对那些分析他们的行为进行问责。卡普还喜欢推介帕兰提尔的另一个产品，即方代（Foundry）。在制造业、汽车和航空航天领域，它帮助技术人员利用大数据确定在发动机零件出现故障之前，更换发动机零件的最佳时间。卡普声称，与科技公司的大多数机器学习应用不同，方代并没有挤占美国的工作岗位，它是通过提高工人的能力来保护他们的工作岗位。

在可预见的未来，人类在执行大多数任务方面仍将远远优于机器人和算法，这意味着最大的生产率提升将来自人类和人工智能的协同工作，而不是试图将人类的工作自动化、智能化。因此，帕兰提尔并没有以其他人的财富为代价强化财富在硅谷的集中，而是改善了美国产业核心地带的发展前景，同时减少了地理上的不平等。

卡普可能夸大了哥谭这款软件控制功能的稳定性和方代对社会的积极影响。但即使如此，我仍然不认为帕兰提尔为五角大楼、美国警察部门或美国移民与海关执法局所做的工作会使大数据分析失去合法性，正如剑桥分析公司不会使地图定位失去合法性一样。毕竟，这些相似的技术至少可以让我们与银行打交道的过程不那么令人厌烦，除了机会洞察小组（在第四章中讨论过）等项目外，这些项目对社会的好处是显而易见的。我也不认为帕兰提尔产生了我们最关心的数字权力形式——接触权力。虽然脸书无歧视地分配接触权力,但帕兰提尔只会扩大已经很强的商业企业客户的能力,更不用说美国政府及其盟友了。这虽然并不是一件好事,但它不太可能产生灾难性的意外后果。

这是否意味着我们不应该担心像帕兰提尔这样以所谓国家利益为目标的科技公司? 并不是这样。与我们在本章中遇到的大多数科技公司的首席执行官相比,卡普和施密特并不像希腊神话中的伊卡洛斯。这么说吧,我们可以想象伊卡洛斯有一个听话、尽职尽责的兄弟,我们不妨叫他阿勒里克(Aleric)。阿勒里克充分意识到他父亲代达罗斯给他的机会,因此心怀感激,并以无条件为父亲服务作为报恩而感到自豪。道德问题对于阿勒里克来说是没有意义的,如果他的父亲说有些事情必须做,那他就一定做,不管付出什么代价。阿勒里克可能并不总是同意他的父亲,但孝顺忠诚是一种更高的美德。与此同时,反对代达罗斯安排的人显然是错误的,最好的情况是他们只是无意中帮助了敌人,最坏的情况是他们是邪恶的。以这种方式,阿勒里克充当了代达罗斯的代理人。

对于普遍支持美国霸权的美国公民和美国盟友的公民来说,由美国政府领导的科技公司可能并不那么令人担忧。但那些作为美国霸权力的接受方、没有任何民主权力的人,比如来自墨西哥的无证移民,或者因叙利亚冲突而流离失所的家庭,又该如何呢? 当美国总统不再推动新闻自由和法治等既定的自由规范,而是故意破坏它们、冷落民主领导人、赞扬独裁领导人时,又会发生什么呢? 在英国新冠病毒爆发的早期阶段,英国国家医疗服务体系(NHS)选择来自帕兰提尔公司的方代软件来支持类似于"个人客户画像"的项目,招致了隐私保护批评家和议员的攻击。像"技术之下无暴政"(No Tech For Tyrants)* 这样的组织提出的主张有两个:第一,允许私人公司分析高度敏感的健康记录数据的门槛应该设置得更高;第二,英国政府与涉及对移民和少数民族压迫的企业合作是完全错误的。然而,亚历克斯·卡普对现实主义政治的认识为我们指明了一个不同的方向。不难想象的是,如果是美国总统,他肯定会看到秘密地分析英国国家医疗服务体系数据库的好处,例如在脱欧后的药品贸易谈判中获得谈判优势。若帕兰提尔被美国政府要求为国家利益服务进行这一分析,我们仅通过卡普的各种公开发表的言论,就可以推测他可能会遵守命令。儿子的傲慢可以表现为服从父亲的指示,也可以表现为无视父亲的指示。

如果扎克自由主义倾向低估世界上的邪恶,那么卡普现实主义则倾向高估它。"坏蛋"的广义定义是"威胁美国利益的所有人"。这已经将对公司不满的雇员、在贷款申请表上撒谎的人、贫困社区的居民与敌方战斗人员、外国情报人员、大规模杀人犯划为一类!唐纳德·特朗普在总统任期的表现表明,民粹主义者很容易为了他们的利益将包括法官、记者、公务员甚至政治对手划为一类。很明显,为了以最有益于社会的方式传递数字技术所创造的权力,我们需要科技公司首席执行官的政治思想,不管他们是自由主义者还是现实主义者。

---

* 如果读者想要了解更多关于这个组织的活动和主张,可以访问其官网 https://notech-fortyrants.org/。——译者注

注 释

1. 关于伊丽莎白·霍姆斯，参见 Friedell, D., "A Chemistry Is Performed", *London Review of Books*，Vol.41，No.3，2019，以及 Carreyou, J., *Bad Blood: Secrets and Lies in a Silicon Valley Start-up*，Picador，London，2018。赛拉诺斯的融资和估值数据来自 https://www.marketwatch.com/story/the-investors-duped-by-the-theranos-fraud-never-asked-for-one-important-thing-2018-03-19 和 https://www.investopedia.com/articles/investing/020116/theranos-fallen-unicorn.asp。

2. 亚当·纽曼的怪癖可参见 Brown, E., "How Adam Neumann's Over-the-Top Style Built WeWork:'This Is Not the Way Everybody Behaves'", *Wall Street Journal*，18 September 2019，以及 Platt, E. and Edgecliffe-Johnson, A., "WeWork: How the Ultimate Unicorn Lost Its Billions"，*Financial Times*，19 February 2020。

3. 维沃的使命宣言可在其公司网站上查阅: https://www.wework.com/newsroom/posts/wecompany。

4. 维沃被软银拯救时的估值相对于 CNBC，参见 https://www.cnbc.com/2020/05/18/softbank-ceo-calls-wework-investmentfoolish-valuation-falls-to-2point9-billion.html。乐购超市和巴克莱银行估值比较的数据参见 https://lsemarketcap.com/as，2020 年 5 月 29 日访问。

5. 隔间和橡木地板的统计数据来自 2018 年 7 月版《连线》的封面故事"维沃如何成为世界上最受欢迎的初创公司"。

6. 康妮·洛伊佐斯(Connie Loizos)在《科技文摘》上报道了纽曼关于其后代控制维沃计划泄露的评论，参见 https://techcrunch.com/2019/10/18/adam-neumann-planned-for-his-children-andgrandchildren-to-control-wework/?guccounter = 1。

7. 关于 SpaceX 使命的陈述可以在其官网上查看，参见 https://www.spacex.com/humanspaceflight/mars/。埃隆·马斯克关于"人类是一个多星球物种"(multi-planet species)的说法来自他在 TED 会议上与克里斯·安德森(Chris Anderson)的名为"我们正在建设的未来—无聊的未来"的专题访谈，会议记录可在 https://www.ted.com/talks/elon_musk_the_future_we_re_building_and_boring/transcript.查看。关于他对脑机接口表达的兴趣，请参阅 Neuralink 成立活动的视频 https://www.youtube.com/watch?v = r-vbh3t7 WVI& feature = youtu.be；以及关于火箭助推器的言论参见 https://www.boringcompany.com/not-a-flamethrower。

8. 贝佐斯、泰尔、佩奇和布林投资的研究抗衰老的公司包括:

   • Unity Biotechnology: https://unitybiotechnology.com/the-science/.

   • Calico Labs: https://www.calicolabs.com/.

- Alcor Life Extension Foundation：https://alcor.org/FAQs/faq01.html#friends.

9. 亿万富翁里程碑数据来自 Elkins, K., "The Age When 17 Self-Made Billionaires Earned Their First Million", *Business Insider*, 11 February 2016；以及 Levy, L., "How Steve Jobs Became a Billionaire", *Fortune*, 19 October 2016。

10. 国防高级研究计划署在为互联网奠定基础方面的作用摘要可参见 https://www.darpa.mil/about-us/timeline/modern-internet。

11. 关于政府对科技巨头的补贴，可参见 Rushe, D., "US Cities and States Give Big Tech $9.3bn in Subsidies in Five Years", *Guardian*, 2 July 2018。

12. 托马斯·皮凯蒂的书是 *Capital in the Twenty-First Century*, Harvard University Press, Cambridge, 2014。

13. 林西·麦戈伊的书是：*No Such Thing as a Free Gift：The Gates Foundation and the Price of Philanthropy*, Verso, London, 2015。她对慈善资本主义的批判参见 McGoey, L., "The Philanthropy Hustle", *Jacobin Magazine*, 10 November 2015。

14. 盖茨基金会的托管人和捐赠基金的数据来自 https://www.gatesfoundation.org/who-we-are/general-information/foundation-factsheet。

扎克自由主义

1. 论自由主义的历史、谱系与定义,参见 Freeden, M., *Liberalism：A Very Short Introduction*, Oxford University Press, Oxford, 2015; Fawcett, E., *Liberalism：The Life of an Idea*, Princeton University Press, Princeton, 2014; 以及 Bell, D., "What Is Liberalism?", *Political Theory*, 42(6), 2014, pp.682—715。

2. 扎克伯格档案的电子版参见 https://www.zuckerbergfiles.org/。引用的文件包括：

- Zuckerberg, M. (2017a), "Building Global Community", *Zuckerberg Transcripts*, 989.

- Dubner, S. and Zuckerberg, M. (2018), "MZ Interview with Stephen Dubner on Freakonomics", *Zuckerberg Transcripts*, 859.

- Zuckerberg, M. (2015d), "A Letter to Our Daughter", *Zuckerberg Transcripts*, 498.

- Zuckerberg, M. (2018a), "MZ shares focus of FB goals in 2018", *Zuckerberg Transcripts*, 792.

- Facebook Investor Relations(2018), "Facebook Q2 2018 Earnings", *Zuckerberg Transcripts*, 863.

- Klein, E., Zuckerberg, M. and Vox(2018), "Mark Zuckerberg on Facebook's Hardest Year, and What Comes Next", *Zuckerberg Transcripts*, 950.

- Zuckerberg, M. (2016c), "Facebook & Conservatives", *Zuckerberg Transcripts*, 865.

- Zuckerberg, M. (2016d), "Voting in the 2016 Elections", *Zuckerberg Transcripts*, 621.

- Zuckerberg, M. (2016e), "Zuckerberg Facebook Post about Social Feeds-2016-09-06",

Zuckerberg Transcripts，217.

- Facebook，(2018b)，"Hard Questions: Q&A With MZ on Protecting People's Information"，*Zuckerberg Transcripts*，1002.

- Zuckerberg, M. (2019a)，"2019—Live at F8!"，*Zuckerberg Transcripts*，1010.

- Zuckerberg，M.（2018b），"MZ Interview with Kara Swisher"，*Zuckerberg Transcripts*，949.

- Zuckerberg，M.（2017a），"Live with Dreamers at My Home"，*Zuckerberg Transcripts*，992.

- Zuckerberg, M.（2017c），"Announcing Facebook Communities Summit"，*Zuckerberg Transcripts*，713.

- Zuckerberg, M.（2017d），"MZ w/Muslim Students in Dearborn，MI"，*Zuckerberg Transcripts*.

- Zuckerberg, M.（2016f），"♯ProfilesForPeace"，Zuckerberg Transcripts，553.

- Zuckerberg，M.（2016d），"Responding to Marc Andreessen's Comments About Facebook & India"，*Zuckerberg Transcripts*，535.

- Zuckerberg, M.（2015b），"A Year of Books: The Better Angels of our Nature"，*Zuckerberg Transcripts*，371.

- Zuckerberg, M.（2018c），"MZ shares article by Steven Pinker 'The Enlightenment Is Working'"，*Zuckerberg Transcripts*，796.

- Zuckerberg, M.（2015c），"A Year of Books: Sapiens"，*Zuckerberg Transcripts*，423.

- Zuckerberg, M. and Harari, Y. N.（2019），"A Conversation with Mark Zuckerberg and Yuval Noah Harari"，*Zuckerberg Transcripts*，1011.

- Zuckerberg，M.（2019b），"MZ discussion with Jonathan Zittrain"，*Zuckerberg Transcripts*，1007.

- Facebook（2014），"Discussion on Acquisition of WhatsApp Conference Call"，*Zuckerberg Transcripts*，242. 这是扎克伯格话语中"全球共同体"一词的最早记录。

- Facebook，"Facebook Q1 2016 Earnings Call"（2016a），*Zuckerberg Transcripts*，227.

- Zuckerberg, M. (2017b)，"MZ Post—Funding Philanthropy"，*Zuckerberg Transcripts*，756.

- Zuckerberg, M. (2016b)，"Note from Mark Zuckerberg"，*Zuckerberg Transcripts*，245.

- Zuckerberg, M.（2017b），"Protecting the Security and Integrity of Our Services"，Zuckerberg Transcripts，645.

- Zuckerberg, M.（2018a），"MZ shares a note—A Blueprint for Content Governance and Enforcement"，*Zuckerberg Transcripts*，857.

3. 关于诺顿的引用来自 Naughton，J.，"Mark Zuckerberg Should Try Living in the Real

World"，*Guardian*，7 May 2017。

4. 祖波夫关于"建设全球社区"的评论参见 Zuboff（2019），Kindle edition，Loc 7313—57。

5. 黑格尔历史观参见 Singer，P.，*Hegel*，Oxford University Press，Oxford，1983，Kindle Edition，Chapter 2。

6. 关于多数主义参见 Berlin，I.，Hardy，H. and Margalit，A.，*The Power of Ideas*，Princeton University Press，Princeton，2016，pp.14—17；Nussbaum，M.C.，*Creating Capabilities*，2011，Kindle edition，Loc 224，839，1153。

7. 关于"重叠共识"参见 Rawls（2005），pp.388ff。

8. 约翰·斯图尔特·穆勒的《论自由》参见 Mill et al.，*On Liberty*，*Utilitarianism and Other Essays*，new edition，Oxford University Press，Oxford，2015，pp.8，13，15，19，50—2，53ff。

9. 安德鲁·博斯沃思在内部备忘录中提到了罗尔斯的原始立场，该备忘录重新发布于 *New York Times*，7 January 2020。

10. 祖波夫关于瓦茨艾普数据流的表述参见 Zuboff（2019），Kindle edition，Loc 1878。

卡普现实主义

1. 关于爱德华·斯诺登的揭秘，参见 Greenwald，G. and MacAskill，E.，"NSA Prism Program Taps in to User Data of Apple，Google and Others"，*Guardian*，6 June 2013。

2. 埃里克·施密特关于与中国进行 5G 竞争的评论来自"The New Tech Cold War"，BBC Radio 4，19 June 2020。

3. 关于 Maven 计划，参见"What is Project Maven? The Pentagon AI Project Google Employees Want Out Of"，Global News，5 April 2018。

4. 帕兰提尔的哥谭和方代产品的特点和用途在该公司网站有概述，参见 https://www.palantir.com/products/。与帕兰提尔在商业智能软件领域的竞争对手进行产品比较，参见加特纳的客户评价摘要，参见 https://www.gartner.com/reviews/market/analytics-business-intelligence-platforms。

5. 关于帕兰提尔更有争议的合同的评论，参见：

- ICE：Woodman，S.，"Palantir Provides the Engine for Donald Trump's Deportation Machine"，*The Intercept*，2 March 2017.

- 与特朗普治理相关：Sorkin，A. R.，"Why Tech's Split with Trump Could Set the Country Back"，*New York Times*，3 September 2018。

- 预防性警务：Winston，A.，"Palantir Has Secretly Been Using New Orleans to Test Its Predictive Policing Technology"，*The Verge*，27 February 2018。

- NHS：No Tech For Tyrants（2020），"The Corona Contracts：Public-Private Partnerships and the Need for Transparency"，https://privacy international.org/long-read/3977/corona-contracts-public-private-partnerships-and-need-transparency.

关于亚历克斯·卡普的引用和观点来源参见：

- Alex Karp，"CEO of the Data-Mining Company Palantir，Reflects on His Career and What Led Him to Create software that is Used by the CIA，FBI and Others"，https://charlierose.com/videos/12809，11 August 2009.

- 与特朗普政府的关系：Sorkin, A. R.，"Why Tech's Split with Trump Could Set the Country Back"，*New York Times*，3 September 2018。

- 预测警务：Winston, A.，"Palantir Has Secretly Been Using New Orleans to Test Its Predictive Policing Technology"，The Verge，27 February 2018。

- NHS：No Tech For Tyrants(2020)，"The Corona Contracts：Public Private Partnerships and the Need for Transparency"，https://privacy international.org/long-read/3977/corona-contracts-public-private-partnerships-and-need-transparency.

亚历克斯·卡普的引用和声明的来源是：

- Alex Karp，"CEO of the Data-Mining Company Palantir，Reflects on His Career and What Led Him to Create software that is Used by the CIA，FBI and Others"，https://charlierose.com/videos/12809，11 August 2009.

- "Interview：Alex Karp，Founder and CEO of Palantir"，*TechCrunch*，2012：https://www.youtube.com/watch?v=VJFk8oGTEs4&t=1s.

- "Palantir CEO Alex Karp：Investors Will Be 'Positively Surprised' At The Company's Margins"，CNBC，2018：https://www.youtube.com/watch?v=QwoCgLvoUvs.

- "Palantir CEO Karp on Silicon Valley，ICE，2020 Election"，*Bloomberg Politics*，2019：https://www.youtube.com/watch?v=1zHUXGd4gJU&t=97.

- "Palantir Technologies CEO Alex Karp Joins CNBC's Andrew Ross Sorkin to Discuss the Company's Contract with ICE，How he Thinks About the Apple Privacy Debate，and its Plan to IPO"，CNBC，2020：https://www.youtube.com/watch?v=MeL4BWVk5-k.

第四部分

政策建议

数字合法性

　　在本书开头,我挑战了监视资本主义理论的观点,该理论认为基于数字广告的商业模式使谷歌和脸书等公司"本质不合法"。称某事物"不合法"意味着它的权力是不可接受的,也是不可容忍的,比如那些通过政变或操纵选举获得权力的政府。但正如我们所看到的,以数据驱动的客户精准定位技术并不像它看起来那么邪恶,甚至可以促进全球平等。可以这么讲,即使谷歌和脸书是不合法的,也不是广告业务本身导致的。但这给我们留下了一个更大的未被回答的问题:它们本身是合法的还是不合法的? 像苹果、微软、亚马逊和其他不以广告为主要业务的科技公司是合法的吗?我们应该容忍它们具有的各种权力,还是对这种权力提出异议?

　　为了能够回答这些问题,我们首先需要探讨合法性这一概念。在政治理论中,在谈论权力的可接受性时使用了合法性的表述,合法性有两种类型,即输入合法性和输出合法性。当某一主体或某种事物通过一种被广泛接受的方式获得权力时,它就具有了合法性。最明显的例子是一个按照宪法原则通过选举赢得权力的政府。

事实上，近几十年来，选举是实现输入合法性的有效途径，甚至连反民主的统治者也接受了选举，从而在津巴布韦、坦桑尼亚和秘鲁等国形成了一类新的"竞争性威权"（competitive authoritarian）政权。但选举并不是政府输入合法性的唯一来源，毕竟输入合法性也可以来自国外。冷战期间，美国和苏联的支持为一些盟国政府提供了输入合法性。最近，如果委内瑞拉的政客胡安·瓜伊多（Juan Guaidó）成功取代尼古拉斯·马杜罗（Nicolás Maduro）成为总统，那么他所能享受的任何输入合法性都不会来自本国的投票箱，而是来自特朗普政府的支持。

相比之下，输出合法性的界定并不在于权力是如何获得的，而是取决于权力的运用方式。政府可以通过承认其权力得到了恰当的使用并符合公共利益来获得输出合法性。统治者可能会在军事政变中暴力夺取政权，但随后会改善医疗和教育的供应，在这种情况下，它们将具有输出合法性，但不具有输入合法性。相反，民选政府可能会进行灾难性的统治，自断后路地与最亲密的盟友在一起，实施加剧不平等、破坏经济的政策。这样一个政府可能没有任何输出合法性，但它仍然有输入合法性。

这些例子使人们注意到关于合法性的一个重要问题，即大多数关于合法性的思考都与国家权力有关。自 17 世纪末托马斯·霍布斯（Thomas Hobbes）撰写《利维坦》（Leviathan）以来，关于合法权力的讨论一直围绕着国家是否能够让公民服从，以及国家是否有在必要时使用暴力的专属权利。尽管这些理论也适用于联合国和欧盟等政府间组织，但将其应用于公司则有点牵强。以脸书为例，它在某些方面与国家类似，它的市值超过 163 个国家的国内生产总值，你可以把它的 25 亿用户想象成这个"国家"的总人口。马克·扎克伯格甚至说，他认为脸书"更像一个政府，而不是一家传统公司"。然而，脸书在很多方面根本不像一个国家。它不征税、不养军队，也不占有主权领土，当然东印度公司这样强大的跨国公司是历史上的例外。它可能有垄断现象，但并没有垄断暴力的使用。脸书用户比各国公民有更大的流动自由。

对此的一种回应是：公司不需要被合法化，它们只需要在法律范围内为股东的利益服务就可以了。然而，政治理论家大卫·西普利（David Ciepley）最近的研究表明，在美利坚合众国成立的早期，公司只有在承诺明确的公共利益的情况下才得以成立，并且由政府特许经营。西普利本人同意公司需要承担为公共利益行事的法律责任，即使有人不同意西普利的观点。大型科技公司的特殊特征意味着，我们还是不能拒绝合法性这一概念。在撰写本书时，全球市值最大的七家公司都是科技公司。这让它们拥有了难以置信的市场权力，可以收购竞争对手、掠夺供应商、剥削员工、游说政府、避税和逃避管制等等。但正如我们在第六章中看到的，科技公司也制造并拥有接触权力。因为这是一种新的权力形式，不同于石油、金融服务或制药行业的公司，它要求我们对合法性要有新的理解。

当批评家们说大型科技公司是不合法时，他们在暗示什么？监视资本主义理论主要质疑收集、汇编和货币化个人数据的科技公司的输入合法性（正如我们在本书导论中看到的）。它认为谷歌的权力是不合法的，比如说，因为它是通过不公开、不透明的方式获得的，在一个理性人了解这一点之后不会同意谷歌这样做。其他批评者更关注科技公司权力造成的后果。例如，通过油管传播的社群激进主义现象，或者脸书在罗德里戈·杜特尔特的"毒品战争"中扮演的角色。这就是质疑科技公司的输出合法性了。一些批评家甚至认为，输入的不合法产生甚至加剧了输出的不合法，使科技公司的不合法性加倍恶化。

虽然我认为监视资本主义理论对输入非法性的指控没有抓住重点，但我同意科技公司的某些东西有损其输入合法性。双层股权结构使控制权集中在创始人身上，就像"竞争性威权"统治者实施的宪法改革一样，这样他们就可以在任期结束后继续握有权力。在摆脱治理过程中这些不开明特征的同时，科技公司可以采取积极行动提高它们的输入合法性。当前已经出现了一些有益的实验，比如，从 2009 年到 2012 年，脸书让用户通过咨询程序和投票参与其政策决策，如果有至少 30% 的用户参与，则投票就具有约束力。这一安排增加了脸书的输入合法性，因为它要求该公司就影响其用户的政策变化寻求用户民主性的同意。一些学者认为投票率要求过于苛刻，因为大约 3 亿用户需要参与投票才能具有这样的约束力。但这种批评犯下了政治理论家所谓的"行使谬误"（Exercise Fallacy）*，将行使某种权力的能力与是否行使了这种权力两种状态弄混了。对于脸书的输入合法性来说，重要的是其用户有能力接受或拒绝其管理层的决定，而不是他们选择是否实施这些决定。

2020 年，脸书兑现了成立独立监督委员会的承诺。委员会的

---

* 行使谬误是由彼得·莫里斯根据安东尼·肯尼的观点提出的。一个解释这一概念的形象例子是，威士忌只有在喝下后才开始发挥醉人的力量，但即使它静静地放在瓶子里，也同样拥有这种力量。这种力量不以喝或不喝而改变，因此，若忽视这一区别，认为权力只有在行使时才能存在，就是犯了行使谬误。——译者注

职责是审查用户就脸书内容审查提出的质疑和请求,并就公司的内容审查政策提出建议。委员会的存在超出了马克·扎克伯格的"集中控制"范围,其决定既公开又具有约束力。评论家们可能会怀疑它的影响力,或者怀疑它保护脸书言论自由的最终目标是否正确。但从输入合法性的角度来看,这与"只有向独立的中立机构负责,脸书的输入合法性才能得到加强"的议题无关。

输出合法性又是怎样的呢?我同意希瓦·韦迪雅那桑、泽内普·图费克奇和约翰·诺顿的观点,他们说科技公司的输出合法性因其所涉及的灾难性的社会和政治后果而受到破坏。但科技公司的输出合法性同时也因为用户能够与朋友和家人交流、发展业务、建立网络等而得到提升,特别是那些全球南方国家的贫困用户受益最多。我认为,正如我们在上一章所讨论的那样,负面结果来自科技公司首席执行官的政治思想,而不是与基于广告的商业模式(据评论家们说这是最削弱科技公司输入合法性的因素)有因果关系。

如果我们考虑脸书和剑桥分析公司的丑闻,包括大选期间流传的谣言以及罗辛亚种族清洗的煽动等,这些都可以归咎于扎克自由主义信念:"总的来说,人类是善的,因此,[通过技术来]扩大[人们拥有技术的能力]对社会具有积极的影响。"而当脸书增强其输出合法性时,它通常会采取对人性不那么积极的评价。图形接口(Graph API)的第一个版本于 2015 年被关闭,该接口使剑桥分析公司能够访问脸书用户数据,以建立其心理倾向定位模型。现在,通过图形接口当前版本提供的数据受到更严格的限制,并要求应用开发者提供更有力的保证,以确保他们的使用是合规且善意的。"页面透明度"功能将每个脸书粉丝页面的管理和出处信息纳入公共领域，而脸书广告库则提供了平台上所有广告开放的、可搜索的档案，包括政治广告支出的详细信息。与此同时，瓦茨艾普信息共享被限制可以减缓虚假信息的传播。

科技公司、政府和政府间组织可能会采取其他形式的提高输出合法性的行动。扎克伯格提出了互联网监管建议，包括有害内容监管、选举公正性监管、数据可移植性监管和加强数据隐私保护等。在英国，数字、文化、媒体和体育特别委员会（Department of Digital, Culture, Media and Sport Select Committee）提出了一项法律上可实施的科技公司道德规范，并建议对选举宣传法进行修订。然而，这些都是事后行动，仅仅可以降低未来再次发生已知意外后果的风险，而无法预防未知意外后果风险的出现。戴夫·艾格斯的小说《圆圈》（*The Circle*）和查理·布鲁克的电视连续剧《黑镜》（*Black Mirror*）等悬疑推理作品展示了其中的一些可能，从社交媒体信用评分到物联网，这些都能促成治安正义。至于其他方面，在这一治理思路下是无法想象的。

在这种快速技术变革和不确定性的背景下，科技公司必须采取更冷静内敛的政治思想，以维持输出合法性。其中一种选择是哲学家朱迪丝·施克莱（Judith Shklar）提出的所谓"恐惧自由主义"。扎克自由主义的理想主义者对输出合法性的主张为我们提供了科技公司首席执行官道德信念和善意的保证。在向其他所有人分配接触权力来追求乌托邦的道路上，一些可怕的政治和社会后果也随之而来。面对这些后果，首席执行官们所能提供的最好的东西就是图费克奇所说的"十四年道歉之旅"，即反复道歉，承诺做得更好，并对未来将会不同表现出盲目的乐观。然而，我们需要承认，人往往是暴力和非理性的，并应基于此采取可信的策略来减轻这些人类负面本性的恶劣表现。

恐惧自由主义主张将避免暴力及其造成的伤害置于对乌托邦的追求之上，这要求科技公司放弃其一贯的"无许可创新"，在开发新产品时采取更加谨慎的态度。就脸书声名狼藉的早期企业文化而言，这种观点认为避免产生破坏的后果比快速采取行动更重要。因此，现有应用的开发、地域扩张以及与增强现实、虚拟现实、加密货币和语音设备相关产品的推出应缓慢进行，且应在充分考虑潜在的意外后果之后进行。与此同时，施克莱的恐惧自由主义通过寻求在言论自由和广告自由之前先确保人们"免于滥用权力和恐吓手无寸铁者的自由"，将坚持对表达对少数民族敌意的社交媒体用户采取更快、更果断的行动，以及对所有广告行为采取严格而稳健的审批流程。"当我们疑惑时，"扎克伯格写道："我们总是倾向给予人们更多用于分享的权力。"但恐惧自由主义者则持相反的主张。

理　　论

如果我们把所有这些放在一起，我们就可以构建一个工具包来帮助我们判断科技公司所掌握权力的可接受性。如果我们要超越科技公司批评者的争论和科技公司首席执行官的思想主张，那么"数字合法性"理论非常重要。我们可以从大卫·西普利的公司政治理论说起。

与所有公司一样，科技公司向公众提供服务的权力最终来源于国家,主要通过公司章程。这种权力以科技公司如何促进公共利益为条件。

并非所有的公司权力都需要合法化,数字合法性的问题只有在一家科技公司的力量足以让数百万人受到影响时才会出现。

数字合法性可以从五个维度进行评估,这反映了当前公众对科技公司的担忧。输入合法性层面聚焦于科技公司商业模式、公司结构和治理安排的透明度问题,输出合法性层面聚焦于公司行为的分配后果、其服务给用户授权的程度以及为防止其服务被滥用而实施的控制。

当我们想问一家科技公司是否合法时,我们可以评估它在这两个层面做得好或不好。一家在透明度方面表现不好的公司会隐瞒它是如何赚钱的,并且只在法律要求的范围内尊重数据隐私。如果它做得及格的话,我们希望它的商业模式能够被它的用户所理解,并且能够为那些主动选择激活隐私控制政策的用户提供相应的、所承诺的隐私保护。如果该公司在透明度方面做得好,那么它的盈利方式将公开透明,用户的数据隐私也会在默认情况下得到保护。

在治理方面,一家表现不好的公司会将控制权集中在其执行管理层身上,用户对其服务的访问权将完全由其执行管理层决定。一家做得及格的公司将适用现行的治理规范,非执行董事会董事或者独立监察员能够追究执行管理层的责任。如果一家公司做得优秀,用户既有访问该公司服务的合法权利,也有影响其决策的手段。

在输出合法性方面,如果一家公司在分配后果方面表现不好,其行为将把资源从状况较劣者转移到较优者,进而加剧了不平等。如果它做得及格,它的行为将对资源的分配方式几乎没有影响。

但如果它做得优秀,它将把资源从状况较优者转移到较劣者,进而减少不平等。

在用户授权方面,做得不及格的公司会提供对其用户有害或无法达到约定目的的产品。相反,做得及格的公司会扩大其用户的能力。而做得优秀的公司会提供公开、透明、易找到、易理解的产品条款。

最后,一家在控制滥用方面做得不及格的公司将任由其产品造成重大伤害,同时在发布新产品和功能时不考虑它们可能被不当使用的问题。一家做得及格的公司将实施强有力的控制措施,不良行为者必须付出巨大的努力才能实现,而且它将有一个在新产品推出之前评估其风险的流程。一家公司要想做得优秀,其控制措施需要在对未来威胁的预期中不断动态调整,并且谨慎地开发新产品。

一旦依次考虑了上述每一个维度,我们就可以从整体上评估一家科技公司的合法性。如果我们将这一理论应用于脸书,会得出什么结论?我们可能会说,这家公司在透明度方面做得很好,因为它提供了关于如何在广告中使用用户的个人画像数据和行为数据的选择,而且它并没有掩盖它在广告业务中的所作所为。但这家公司在治理方面做得不好,因为它的公司治理结构让马克·扎克伯格对公司拥有绝对控制权,这使得每个人使用脸书应用程序、飞书信和瓦茨艾普的能力都取决于他个人的品德。在分配后果方面,脸书做得不错。通过采用基于广告的商业模式为普遍可用的免费服务提供资金,这最有利于最弱势群体,如全球南方国家的贫困用户。它在用户授权方面做得也不错,这要归功于它广泛的权力分配,任何人都可以行使接触权力。但脸书在控制滥用方面做得很差,它对像"相似受众"等强大计算工具的控制不足意味着其数据可能被用于非法的政治目的,或者对社会造成伤害。

　　总的来说,该理论表明,在合法性方面,脸书过了及格线。它既不是以优异成绩通过,也不是无所作为。脸书事实上有机会通过改革治理机制和实施更强有力的控制来防止恶意使用其功能等举措,巩固其合法性。

　　随着数字合法性理论的建立,我们就能够更好地考虑关于大公司如何进行改革的具体政策建议。

基于数字广告的商业模式应该被取缔吗?

　　尽管有很多人呼吁这样做,但我相信如果禁止定向推送数字广告的话,会削弱而不是增强脸书的合法性。对用户数据在脸书广告中所起作用的深入研究表明,将用户数据货币化的方式并没有监视资本主义理论所认为的那么不透明,这些数据的经济价值取决于许多其他因素。

　　另外,也有一些理由可以拒绝关于脸书用户和平台上广告商之间存在极端力量不平衡的说法。脸书与杰里米·边沁想象中的全景监狱并不相同,当囚犯被困在牢房里时,督察员可以看到牢房里的一切。相反,脸书广告工具的进入门槛很低,几乎所有在脸书上的人或多或少都可以使用它们。其他数字广告平台也是如此,比如谷歌广告和微软的必应广告。尽管它们比脸书广告工具更难用、也更贵,但它们仍然比区域人口统计等前数字时代的定向广告更容易使用。很明显,在目标定位方面,今天的平台在市场环境下还是公平的,并没有向市场领先者倾斜。

更重要的是,基于广告的商业模式的再分配效应是脸书等公司关于输出合法性的一个主要来源。泽内普·图费克奇虽然为脸书提供了人们进行政治抗议和抵制活动的工具包而欢呼喝彩(当然也给出了一些重要的警告),但还是对其商业模式表示遗憾。这两件事是密不可分的。针对西方脸书用户精准投放广告意味着脸书的一系列产品功能也可以免费提供给全球南方国家的 16 亿用户。如果我们考虑"西方和其他国家"之间收入的差异,很明显,从广告转移到付费订阅模式会给贫穷国家的用户带来负面影响,从而能够使用社交网络服务的人将越来越少,协调反对威权政府的力量也将变得更加困难。

关于广告促进了平等,带来了有益的后果这一论点,同样适用于其他拥有全球用户基础和基于广告的商业模式的科技巨头,如谷歌、推特和色拉布。对于苹果,则会有相反的观点。苹果首席执行官蒂姆·库克(Tim Cook)是一位对基于广告的商业模式的批评者。库克称苹果公司的输入合法性是基于对其设备和软件的收费,这意味着该公司的利益与其用户在隐私问题上的利益是一致的。但这也忽略了一些重要的东西,那就是苹果选择的商业模式意味着它只为全球中产阶级服务。此外,其供应链中的不公正现象类似于殖民时代,宝贵的原材料从刚果的矿山中提取,而苹果手机则由深圳工厂的工人组装。苹果产品为富裕的西方用户带来的好处来自全球南方国家工人的艰苦劳作。

简言之,用户为产品和服务付费的商业模式并不比基于广告的商业模式具有更多的天然合法性。在我看来,脸书和谷歌广告重新分配资源的方式所产生的输出合法性超过了苹果更透明的商业模式的输入合法性。

更多的隐私保护是答案吗?

对于监视资本主义理论的支持者来说,强制加强隐私保护是禁止数据驱动型数字广告的一个可接受的替代方案。这可能包括对私人之间的所有电子通信进行端到端加密,使其超出国家和公司的监管范围。事实上,脸书已经表示打算要对其所有应用程序进行完全加密。

然而,尽管这种所谓的"隐私中心"可能产生了输入合法性,但也可能会破坏输出合法性。脸书广告并不是唯一一个被利用来达到邪恶目的的脸书产品,瓦茨艾普和飞书信的共享和群组功能即便已经加密也可以被利用。除了针对罗辛亚少数民族的暴力信息通过一对多的共享传播的缅甸案,在 2018 年巴西总统选举期间,瓦茨艾普群组功能还被用于向非法获得的电话号码大规模分发贾伊尔·波索那罗(Jair Bolsonaro)* 的竞选材料,而在印度 2019 年

---

* 波索那罗,1955 年出生,是巴西一名预备军人和政治家,代表巴西进步党。在 2014 年大选后他开始担任联邦议员。2017 年,根据相关机构的调查显示,他是在社交网络上影响最大的国会议员。2018 年他对外宣称将参加总统竞选。他以坚定的民族主义和保守主义而闻名,曾公开支持在 1964 年至 1985 年的军事独裁,严厉批评左派,甚至考虑将酷刑合法化。由于反对同性恋的立场及保守主义的思想,使他有 30 多份提议被撤销。他被认为是极右派的代表,被舆论称为"巴西版特朗普"。——译者注

大选期间，它还被用来传播空袭巴基斯坦成功的虚假信息。正如马克·扎克伯格本人承认的那样，加密使得仇恨言论、宣传和其他有害内容更难被发现和删除，实施这一计划可能被脸书视为放弃了道德责任。我提出的扎克自由主义的替代品——恐惧自由主义会同意这一观点，即加密增加了施暴的可能性，同时获得了更少侵犯隐私的广告这一相对不重要的收益。

因此，隐私增强带来的输入合法性收益很容易被输出合法性的"滥用行为"带来的损失所抵消。脸书员工在采访中向我表示，脸书的首席产品官克里斯·考克斯（Chris Cox）决定在 2019 年离职，主要是出于对大量加密带来的社会后果的担忧。在我看来，所有应用程序都端到端加密的订阅版脸书的整体合法性会更少，而不是会更多。付费、保护隐私版本的谷歌搜索以及端到端加密版本的谷歌邮箱和油管也是如此。

隐私增强的最后一个缺点是，它们减少了供研究人员和企业家使用的公共领域中聚合和匿名数据的数量。如果科技公司减少这些数据的可用性，将降低它们的输出合法性。

社交媒体公司应该作为出版商而不是平台受到监管吗？

如果脸书对其平台上发布的内容承担更大的责任，其输出合法性将得到增强。它通过使用人工和人工智能来遵守法律并执行自己的"社区标准"，非常大规模地审查平台内容。尽管有不同意见,但这些努力使大多数用户在脸书应用程序中的体验不受暴力或色情图片、垃圾邮件和仇恨言论的影响。

直到最近,脸书还在忽视它对平台上广告的真实性所承担的责任。页面透明度(Page Transparency)和脸书广告库(Facebook Ad Library)等举措都是有意义的行动,通过免费提供广告活动信息来增加广告商的责任。然而,在这些功能推出的同时,其与专业第三方,比如斯诺普斯公司(Snopes)*等事实核查合作关系也在逐渐消失。如果脸书在允许不真实广告传播时必须向监管机构负责,或者如果它对这些广告负有法律责任,那么它将有动力实施更严格的管理,并使其授权广告商和批准广告的流程更加严格。

与较小的竞争对手相比,这可能会给大型广告公司带来优势,因为它们能够更好地承担遵守新规则和流程的成本。但在我看来,这是一个值得付出的代价,那就是建立同样的规范和标准,来使通过直接邮寄广告或者电视广告宣传活动传播不真实的主张变得非常困难。就数字合法性理论而言,这涉及在"控制滥用"方面牺牲一些"用户授权",与使脸书总体上更加合法之间,如何权衡取舍的问题。在道德迷雾下,广告商在脸书上做广告的自由与言论自由可能被混为一谈,但前者可以在不损害后者的情况下受到限制。

但是,让脸书对用户发布的内容承担法律责任的理由还不太清楚。这很可能会导致类似通过人工智能等方法进行审查识别并阻止发布含有禁用关键词的消息和帖子。这可能有助于提高"滥用控制"维度的合法性,例如,禁止共享任何用于描述罗辛亚语的

---

* 一家专门做事实核查的机构。——译者注

关键词。但如果脸书引入可能会被卷入民事诉讼的类似的关键词限制，还将损害"用户授权"。

同样的论据也适用于推特和色拉布，这两款软件都允许任何持有信用卡的用户建立和运行精准定位活动，而加强控制将增强其合法性。正如我们之前看到的，谷歌广告和必应广告的进入壁垒相对更高，对广告副本的检查也更严格。在"控制滥用权力"方面，谷歌和微软目前比脸书拥有更大的合法性。

我们应该拆分科技巨头吗？

科技公司对其竞争对手、客户和供应商的市场力量并不是本书的主要关注点，但旨在限制这种市场力量的反垄断政策对普通用户也会有影响。

脸书显然在社交网络服务领域有垄断力量，在活跃用户数排名前 6 的社交媒体应用程序中，脸书拥有 4 个，脸书的"蓝色APP"*、飞书信、照片墙和瓦茨艾普都拥有超过 10 亿的用户。与彼得·泰尔对垄断者的评论一致，脸书对其垄断地位的辩护通过将消费者市场（相关市场）界定为非常广泛的"通信工具"市场来混淆视听，因为那里"每天都有新的竞争对手出现"，同时指出脸书在全球广告市场中仅占 6% 的市场份额。

另一个不那么虚伪的立场是承认脸书事实上是一种垄断——

---

* 脸书旗下主要的社交网络移动应用程序，外观设计以蓝色为主。——译者注

自然垄断。我们可以感谢约翰·斯图亚特·穆勒帮助解释概念，当市场运行的最有效方式是单一供应商时，自然垄断就会发生。历史上的例子包括电报和国内能源市场，在这些市场上，建设有形基础设施的固定成本非常高。脸书的情况则是不同的，因为建立一个新的社交网络服务的成本甚至可以忽略不计。但是，对于具有垄断力量的社交网络提供商上的用户来说，这是有明显的好处的。同一个网络中的用户越多，该网络对于用户就越有用。如果将主要的脸书应用程序和集成的飞书信应用程序拆分为4个新的网络，那么四分之一规模的网络将大大降低它们的实用性。我认为这样的说法可以让脸书的垄断地位合法化，甚至杰伦·拉尼尔（Jaron Lanier）* 和乔纳森·特普林（Jonathan Taplin）** 等狂热的脸书批评者似乎也同意这一点。然而，值得注意的是，为了避免消费者被利用，历史上自然垄断的先例会被政府果断地规制。

目前尚不清楚脸书从瓦茨艾普和照片墙撤资是否会损害用户利益。问题在于直到我写这本书时，通过将这些应用程序集成于脸书主要的应用程序所带来的用户利益也尚不清楚。

上述对自然垄断有利的观点也适用于其他科技公司，它们的产品通过网络效应为用户提供价值，比如推特、色拉布和微软旗下的领英。但是，它不适用于搜索、电子商务或视频流媒体市场，因此不能用来合法化谷歌、亚马逊和奈飞的垄断地位。

在我看来，考虑对大型科技公司进行反垄断行动的最佳理由是防止它们控制同一价值链中的多个环节，也就是所谓的"纵向一

---

* 微软研究院架构师。——译者注
** 南加州大学安纳堡实验室主任。——译者注

体化"。这会使得亚马逊能够从使用其亚马逊市场服务平台的商家那里争夺业务,会使谷歌将搜索点击从第三方网站转移到自己的网站上,这会削弱了亚马逊和谷歌行为的合法性。从安德鲁·卡内基(Andrew Carnegie)和"强盗大亨"(robber barons)的时代起,人们就已经非常熟悉这种类型的抢夺行为,而像欧盟竞争事务专员玛格丽特·维斯塔格(Margrethe Vestager)这样的监管者已经将这种行为纳入了他们的视野。

但垂直一体化还有其他不太容易察觉的问题。数字广告和旧形式的定向广告的一个关键区别是,在前者中,一切都发生在一个地方。我们在第二章中设想,在20世纪80年代电子产品的直邮活动中,地理数据分割需要像益百利公司这样的数据提供商,以及营销机构、打印者和邮件收发室共同投入。所有这些主体都有需要遵守的专业行为准则和需要担心的声誉问题,从而激励他们坚持诚实和体面的标准。广告复制或原创将受到多环节的签署批准,更不用说,如果它品位低劣或引起争议,将面临严峻的挑战。相比之下,通过谷歌显示网络(Google Display Network)或脸书广告管理器(Facebook Ads Manager)开展定向推送的广告活动则完全不同。数据提供商、代理商、打印者和邮件收发室的角色被压缩为一个单独的自助服务软件,而且,无论是复制品还是原创品,在出版和发行之前都很少有人对其进行审查。垂直拆分科技公司——如迫使谷歌剥离油管或脸书出售照片墙——对解决垂直整合问题没有多大作用。尽管执行起来很复杂,但更好的办法可能是将科技公司的目标定位和发布职能划分为不同的组织体,就像电视节目的制作由一家公司承担,但传播任务由另一家公司承担一样。

是否应该改革双重股权结构?

尽管马克·扎克伯格只持有脸书不到 20% 的股份,但由于该公司的双重股权结构,他控制着该公司约 60% 有投票权的股票。因此可以这么说,25 亿人从脸书上获得的价值完全取决于他的善意。不管这样的治理结构是否合法,反正很难为其合法性找到一个可信的理由。

目前已经有一系列补救措施来解决这种结构日益普遍的问题。一些人主张彻底禁止这种股权结构,或将违规公司从主要的股票市场指数中除名;其他一些人则提出了"日落"条款(sunset clauses),即在首次公开募股若干年后,取消创始人股票的额外投票权。除非立法获得通过,否则只能由扎克伯格自己决定减少他对脸书的控制程度。放弃投票权、辞去主席职务、任命监察员或恢复确保脸书用户可以对产品政策变更进行民主性核准机制等,都有助于提高脸书的合法性。另一种可能的做法是,用脸书的公司使命"赋予人们建立社区和让世界更紧密的力量"来取代其公司章程中关于其经营目标的格式条款"参与任何可以进行公司组织的合法行为或活动"。这样做将会创造脸书执行团队的信义义务,从而取代扎克伯格的个人善意。

这些观点也适用于许多其他的科技公司,这些公司创始人的控制权是通过行使拥有的多类别股票的不同表决权来实现的,例如谷歌、色拉布和缤趣等。由于微软、苹果和亚马逊都有传统的股权结构,它们在治理方面更加合法。同时,亚马逊还在将其利润再投资到新的项目,这一事实削弱了扎克伯格的说法,即他需要个人控制权以防止股东迫使他将短期财务表现置于对脸书用户最有利的事情之上。

我们应该允许大型科技公司
控制互联网基础设施吗?

科技公司对民族国家的影响力并不是本书的重点,但它们对互联网基础设施日益加强的控制所带来的影响值得一提。除了运营免费基础设施计划(Free Basics Program),该计划为全球南方国家数亿人提供免费互联网接入,脸书还拥有海底光缆的大量股份,并尝试将无人机的互联网接入传送到互联网连接很少或没有互联网连接的地区。2020 年 7 月,谷歌旗下的子公司 Loon* 派遣了一队高空气球,为肯尼亚带来更多 4G 网络覆盖。我们可以看到历史上对发送电报的基础设施的控制有助于 19 世纪和 20 世纪的帝国维持对其臣民和殖民地的权力,脸书和谷歌的批评者指责他们实施了一种新形式的殖民主义。事实上,脸书董事会成员马克·安德里森(Marc Andreessen)似乎通过回应印度禁止免费基础设施的一条推特来确认脸书公司理解自己在帝国条款中的作用,即:"几十年来,反殖民主义对印度人民造成了经济灾难。为什么现在

---

* Loon 公司,是谷歌旗下一家用气球向偏远和受灾地区提供互联网的公司,目前已被谷歌关闭。——译者注

要停下来?"

违背政府意愿提供互联网连接减少了科技公司的输入合法性,因为建设基础设施的权力来自国家。它还可能破坏国家与公民之间的社会契约,从而也减少了其输出合法性。毕竟,如果你需要的基础设施是由私人公司单方面提供的,你为什么还要向政府纳税呢? 即使与国家合作提供互联网连接,如果科技公司成为数亿人互联网接入的看门人,也会破坏它们的合法性。微软和亚马逊也投资于互联网基础设施,同样的问题也需要追问到它们。

＊　　＊　　＊

我在本章开始时,提到现有的合法性理论不适合分析科技公司的权力,因为它们拥有的力量不同于国家的权力。因此,我提出的合法性理论对评论员、学者和决策者提出了一些新的要求。由于科技公司的活动似乎很复杂,人们在描述其权力如何运作时依赖资源提取和监视的隐喻。正如我们所看到的,这些隐喻的道德义务被加重,并且可以掩盖它们所揭示的一切。如果我们想让科技公司更合法,我们首先需要了解它们的产品和商业模式如何真正运作的细节。然后,我们需要注意考虑政策建议会不会在某一方面以一种方式增加合法性,同时在另一方面降低其合法性。只有到那时,我们才能决定应该容忍科技公司的哪些权力,应该为哪些权力的行使附加条件,我们又需要遏制科技公司的哪些权力。

注 释 _____

1. 关于合法性的一个详细定义,参见 Peter, F., "Political Legitimacy", *The Stanford Encyclo-*

pedia of Philosophy，Edward N. Zalta（ed.），2017。

2. 输入合法性和输出合法性之间的区别源于弗里茨·沙尔夫（Fritz Scharpf）的工作。参见 Steffek，J.，"The Output Legitimacy of International Organizations and the Global Public Interest"，*International Theory*，7:2，2015，pp.263—293，266—267。

3. 关于合法性与公正的比较，参见 Rawls，J.，*Political Liberalism*，Columbia University Press，New York，2005，pp.225—226。

4. 要将各国的 GDP 与科技公司的市值进行比较，参见 International Monetary Fund，"World Economic Outlook Database"，https://www. imf. org/external/pubs/ft/weo/2019/01/weodata/index.aspx. 截至 2018 年 12 月 31 日，脸书的市值为 5 410 亿美元，与瑞典（5 510 亿美元）和比利时（5 330 亿美元）的名义 GDP 相当。

5. 扎克伯格关于脸书"像一个政府"的说法来自 Klein，E.，Zuckerberg，M. and Vox（2018）。

6. 关于大卫·西普利的论证要点，参见 Ciepley，D.，"Beyond Public and Private：Toward a Political Theory of the Corporation"，*The American Political Science Review*，Vol.107，No.1，2013，pp.139—158。

7. 关于脸书允许用户就政策变化投票的实验，参见 Facebook（2009），"Facebook Opens Governance of Service and Policy Process to Users"，https://newsroom. fb. com/news/2009/02/facebook-opens-governance-of-service-and-policy-process-to-users/。关于这一实验的批判，参见 Farrell，H.，Levy，M.，O'Reilly，T.，"Mark Zuckerberg Runs a Nation-state，and He's the King"，*Vox*，10 April 2018。

8. 关于"行使谬误"，参见 Lukes（2005），pp.70，109。

9. 要了解脸书监督委员会的详细情况，参见 Klonick，K.，"The Facebook Oversight Board：Creating an Independent Institution to Adjudicate Online Free Expression"，*Yale Law Journal*，Vol.129，No.2418，2020。

10. 关于脸书采取行动减轻接触权力的有害影响，参见：

    • "What is the Page Transparency section on Pages?"，https://www.facebook.com/help/323314944866264?helpref＝popular_topics。

    • Facebook Ad Library，https://www.facebook.com/ads/library/.

    • "Whats App Restricts Message-sharing to Fight Fake News"，*BBC News*，21 January 2019.

    • Parloff，R.，"Facebook's Chris Cox Was More Than Just the World's Most Powerful Chief Product Officer"，*Yahoo*！，26 April 2019.

    • Zuckerberg，M.（2019c），"The Internet Needs New Rules. Let's Start in These Four Areas"，*Zuckerberg Transcripts*，1008.

11. 关于恐惧自由主义，参见 Shklar，J.，"The Liberalism of Fear' in Liberalism and the Moral Life"，ed. Nancy L. Rosenblum，Harvard University Press，Cambridge，1989；以及 Run-

ciman（2017）。

12. 图费克奇的绰号来自 Tufekci, Z., "Why Zuckerberg's 14 -Year Apology Tour Hasn't Fixed Facebook", *Wired*, 6 April 2018。

13. 关于人性中的非理性，参见 Williams, B., "A Fair State: Review of Political Liberalism by Rawls, J.", *London Review of Books*, Vol.15, No.9, 1993, pp.7—8。

14. 关于"创新无需许可"的讨论，参见 Rosner, G. and Thierer, A., "The Precautionary Principle vs Permissionless Innovation", *Governing the Internet of Things*, American University Internet Governance Lab, 14 March 2018。

15. "快速行动，突破一切"的口号在 2014 年被修改为"快速行动，基础设施稳定"：Zuckerberg, M. (2014), "2014 F8 Developer Conference", *Zuckerberg Transcripts*, 149。

16. 关于什克拉尔关于"免于滥用权力的自由"的引用来自 Shklar(1989) p.27；"Zuckerberg's on 'doubt' is from Zuckerberg"(2017a)。

基于数字广告的商业模式应该被取缔吗？

关于库克声称苹果比脸书更合法的例子，参见 Kafka, P., "Tim Cook Says Facebook Should Have Regulated Itself, But it's Too Late for That Now", *Vox*, 28 March 2018。

更多的隐私保护是答案吗？

1. 脸书的"隐私中心"概述如下：Zuckerberg, M. (2019b), "A Privacy-Focused Vision for Social Networking", *Zuckerberg Transcripts*, 1006。

2. 关于加密信息在巴西和印度选举中的作用参见 Magenta, M., Gragnani, J., Souza, F., "How Whats App is Being Abused in Brazil's Elections", *BBC News*, 24 October 2018；以及 Ponniah, K., "Whats App: The 'Black Hole' of Fake News in India's Election", *BBC News*, 5 April 2019。

社交媒体公司应该作为出版商而不是平台受到监管吗？

1. 关于脸书规则的执行，参见 Facebook（2019），"An Update on How We Are Doing At Enforcing Our Community Standards", https://newsroom.fb.com/news/2019/05/enforcing-our-community-standards-3/。

2. 斯诺普斯公司事实核查合作关系结果的描述，参见 Green, V. and Mikkelson, D., "A Message to Our Community Regarding the Facebook Fact-Checking Partnership", 1 February 2019。

3. 微信基于关键词的自动审查，参见 Huang Yuan, "National Trolls", *London Review of Books*, Vol.39, No.19, 2017, pp.15—16。

我们应该拆分科技巨头吗？

1. 彼得·泰尔对于假想垄断者的建议参见 Thiel, P.A. and Masters, B., *Zero to One: Notes on Start-ups, or How to Build the Future*, Virgin, London, 2014, p.34。

2. 扎克伯格在脸书竞争地位上的言论来自 Facebook（2018），"MZ Testifies before the EU Parliament"，*Zuckerberg Transcripts*，1000。

3. 穆勒关于自然垄断的论述参见 Mill, J.S., *The Principles of Political Economy：With Some of their Applications to Social Philosophy*，Project Gutenberg EBook，1849，241ff。

4. 关于历史上基础设施成本，参见 Ferguson（2017），pp.160—162，pp.256—257；关于自然垄断的规制观点参见 Taplin（2017），pp.258—259。拉尼尔关于自然垄断的评论参见 Lanier, J. and Simon, H.，"Delete Your Account Now：A Conversation with Jaron Lanier"，*Los Angeles Review of Books*，8 October 2018。

5. 关于二战后德国的广播行业管制，参见 Wu, T., *The Attention Merchants：The Epic Struggle to Get Inside Our Heads*，Atlantic Books，London，2017，p.121。

是否应该改革双重股权结构？

1. 扎克伯格的股权与他控制的公司比例之间的差距统计数据来自 Securities and Exchange Commission(2016)，"Proxy Statement Pursuant to Section 14(a) of the Securities Exchange Act of 1934：Facebook, Inc."，https://www.sec.gov/Archives/edgar/data/1326801/000132680116 000053/facebook2016prelimproxysta.htm＃s3D4B8526AA3DA88881A6CC93FD965687：37—8。

2. 关于双重股权结构改革的建议，参见 Kupor, S.，"Limit Dual-Class Share Structures Rather than Shun Them"，*Financial Times*，20 November 2018；以及 Govindarajan, V., Rajgopal, S., Srivastava, A., Enache, L.，"Should Dual-Class Shares Be Banned?"，*Harvard Business Review*，3 December 2018。

3. 对于脸书的经营目标和使命的陈述，参见 The State of Delaware(2012)，"Facebook Inc. Restated Certificate of Incorporation"，https://s21.q4cdn.com/399060738/files/doc_downloads/governance_documents/FB_CertificateOfIncorporation.pdf. ARTICLE III and Facebook Investor Relations，"What is Facebook's Mission Statement?"，https://investor.fb.com/resources/default.aspx。

我们应该允许大型科技公司控制互联网基础设施吗？

1. 关于大型科技公司对互联网基础设施的投资，参见：
   - Zuckerberg（2017f）.
   - Burgess, M.，"Google and Facebook are gobbling up the internet's subsea cables"，*Wired*，18 November 2018.
   - Cooper, T.，"Google and other tech giants are quietly buying up the most important part of the internet"，*Venture Beat*，6 April 2019.

2. 关于基础设施控制与专制权力之间的联系，参见：
   - Ferguson(2017)，p.160.
   - Lafrance, A.，"Facebook and the new colonialism"，*The Atlantic*，11 February 2016.

- Friederici, N., Ojanperä, S. and Graham, M., "The Impact of Connectivity in Africa: Grand Visions and the Mirage of Inclusive Digital Development", *The Electronic Journal of Information Systems in Developing Countries* 79, no.2, 2017, pp.1—20.

3. 关于谷歌旗下的 Loon 在肯尼亚的互联网设施建设,参见 Adegoke, Y., "How Google's balloons are bringing internet to new parts of Kenya", *Quartz Africa*, 14 July 2020。

4. 安德里森的话参见 Bowles, N., "Why is Silicon Valley So 'Tone Deaf' to India?", *Guardian*, 12 February 2016。扎克伯格说:"我发现这些评论令人深感不安,它们根本不代表脸书或我的想法。"参见 Zuckerberg(2016d)。

大型科技公司的数据道德

9

　　大公司出于自身利益的原因会关心合法性问题，尤其是因为当政府认为它们太强大时，它们往往会被罚款、严厉监管、拆分甚至国有化。但公司是否有道德责任，即使在政府干预的可能性很小的情况下，公司的执行团队也应该关注这些道德责任吗？新自由主义者不这么认为，对他们来说，公司唯一的职责是为股东利益行事并遵守法律。"商业道德"的说法是无稽之谈。

　　这个观点在理论上可能还说得过去，但在实践中是站不住脚的。其中一个简单的原因是，大公司的股价受到公众对公司道德担忧的影响。记者、非政府组织和社会活动家经常强调工人待遇差和环境恶化等问题，而避税和监管套利越来越被视为不道德行为，无论其合法性如何。从历史上看，公司卷入灾难后果都严重损害了股东价值，这不仅是因为销售额减少或因支付伤亡赔偿而造成的经济损失。当一家公司的管理层被认为对安全方面的失误负有责任时，就会对其股价产生长期的负面影响，影响金额可能高达数十亿美元。

　　1982 年，芝加哥有 7 人在服用了被做过手脚的止痛药泰诺胶囊后死于氰化物中毒。该药制造商强生公司的股价几乎立即下跌了 10%，在接下来的四个月里又下跌了 8%。1989 年埃克森瓦尔迪兹(Exxon Valdez)油轮漏油事件发生后，该公司的股价也同样下跌，漏油 50 天后下跌 15%，6 个月后下跌 18%。联合碳化物公司(Union Carbide)是 1984 年博帕尔有毒气体泄漏事件的责任公司，该事件导致 16 000 人死亡，在同一时间段内公司市值蒸发了 29%。

这意味着道德对于所有大公司都很重要，不管它们是否喜欢。那么，科技巨头的首席执行官们应该特别关注什么呢？简短的答案就是这是一个被称为"数据伦理"的新领域。从 20 世纪 70 年代到 21 世纪初，技术伦理要么在计算机层面讨论，要么在人类设计者或用户的层面上进行讨论。"数据伦理"一词的出现反映出在数字时代，许多伦理问题需要在数据层面进行讨论。作为我与剑桥同事最近一个学术研究项目的一部分，我整合出一个由 953 篇关于数据伦理的期刊文章组成的数据库，并使用我在第三章中描述的"数据拍摄"技术来揭示这些问题是什么。

代理 (21) **算法** (42) 分析 (20) 方法 (28) **人工** (33) 案例 (18)
挑战 (34) 沟通 (28) **计算机** (65) **数据** (220)
设计 (44) 发展 (24) **数字化** (49) **伦理** (263) 游戏 (18)
互联网 (33) 介绍 (19) 问题 (31) 机器 (19) 媒体 (23) **道德** (74)
网络化 (24) 在线 (27) 个性化 (21) 观点 (25) 政治 (21) 实践 (29)
隐私 (85) 保护 (17) 公众 (26) 调查 (46) 责任 (35)
机器人 (50) 科学 (36) **社交** (79) 软件 (18) 监视 (24)
系统 (28) **技术** (98) 朝向 (18) 信任 (25) 价值 (41)
虚拟 (26) 世界 (23)

词云可视化结果展示了我整理的数据伦理文献数据库中的
所有文章标题，词频显示在括号中

如果你盯着上面词频可视化的图看足够长的时间，你可以看到数据伦理关键主题出现了。我们已经研究了其中的一些关键词，包括隐私、监视、软件用户界面设计。但现在是时候谈谈其他一些关键词了。

算法决策中的偏见、歧视和不公正

与定向广告一样，使用算法——而不是人——作出重要决策也不是什么新现象。自 20 世纪 80 年代以来，金融服务公司已使用自动评分来决定是否接受或拒绝贷款、信用卡、汽车金融计划和抵押贷款的申请。根据信贷局掌握的数据，评分卡在世纪之交取代了银行经理，成为信贷延期的主要决策者，而直接面向消费者的保险品牌也采用了类似的模式，以实现承保决策的自动化。

在 2008 年次贷危机之前，算法决策在金融服务中的应用并没有被广泛视为一个道德问题。然而，数据量的积累和机器学习的进步使得算法决策能够扩展到其他领域，包括刑事司法和警务——正如我们在第七章中看到的，通常由帕兰提尔等科技公司提供技术支持。在刑事司法系统中，在判决和假释决定中使用了预测罪犯再次犯罪可能性的算法，而"预测性警务"模型则用于确定执法人员应部署在哪里以应对潜在犯罪。

然而，研究人员已经证明，算法设计者无意识的偏见以及他们的模型对历史数据的依赖会重现种族、民族和性别歧视。凯茜·奥尼尔(Cathy O'Neil)在其关于这一主题的优秀著作《数学大规模杀伤性武器》(*Weapons of Math Destruction*)中给出了 LSI-R 的例子,LSI-R 是美国一些州的法院用来估计囚犯再次犯罪可能性的算法。该算法使用的数据指标之一是年轻时是否"卷入"了警方的调查活动。"卷入"可能意味着犯罪,但也可能仅仅是开车被截停接受检查等,像这样的情况在有色人种的年轻人身上太普遍了。在纽约市,年龄在 14 岁至 24 岁之间的黑人和拉丁美洲男性占人口的比例不到 5%,但在被警方截停和搜查的人中,这些人的占比超过 40%。因此,LSI-R 提出的假释和量刑建议其实是根据人类警察对有色人种更容易犯罪的看法而制定的。

现在,为降低这种不公正建议产生的偏差和风险,科技公司已经在算法开发人员所用的辅助资源上作出了努力。脸书有一个被称为"公平流"(Fairness Flow)的内部工具,用来衡量算法对特定群体的影响。谷歌发布了"假设工具"(What-If Tool),旨在帮助开发人员识别数据集和算法中的偏差。美国国际商用机器公司(IBM)的公平智能 360(AI Fairship 360)又向前迈进了一步,公平智能 360 是一个开源工具包,旨在检查和减轻嵌入在算法和用于训练机器学习模型数据中不必要的偏见。这些都是朝着正确方向迈出的步伐,但科技公司可能还需要承认,它们有道德责任让自己的算法透明化和可解释,而不仅对立法者如此,对受其影响最大的个人用户也是如此。

作为人类生存风险的人工智能

2017 年,研究人员对大量人工智能专家进行了调查,他们认为,到 2060 年,人工智能在所有任务中都有 50% 的机会超过人类。尽管专家们对这种情况的紧迫性存在分歧,但其严重性更为确定,那就是人类的智能受到生物组织的信息处理限制,但机器不会受到这样的限制。根据牛津大学未来人类研究所的尼克·博斯特罗姆(Nick Bostrom)和他的同事们的研究,人工智能给人类带来了生存的威胁。

这种威胁可以用一个简单的思想实验来说明,这个实验借鉴了杰米·萨斯坎德(Jamie Susskind)的《未来政治》(*Future Politics*)一书。想象一下,一台超级智能机器被用来计算圆周率,为了实现这一目标,可以预期到它将把世界上所有的资源用于建造一台相当于我们这个星球大小的超级计算机。由于人的属性对于计算帮不上什么忙,我们可能会被完全消灭或被工具化(想想《黑客帝国》里面,人被用作电池)。因此,博斯特罗姆强调了确认人工智能系统目标的重要性,需要让目标既符合人类价值观,又被严格限定。

近年来,随着许多科技公司高管个人表达了对生存风险的担忧,科技公司纷纷成立人工智能道德委员会。埃隆·马斯克在推特上表示,他认为人工智能比核武器更危险,而 DeepMind 公司的创始人将创建人工智能道德和安全委员会作为谷歌对其收购的一个条件。

但是,仍有理由对这一趋势的前景表示怀疑。科技公司道德委员会的突然激增导致了对"道德清洗"的指责,即不真诚地将道德作为公关策略,类似于环境记录差的公司过去所采取的"绿色清洗"。正如人工智能研究员梅雷迪思·惠特克(Meredith Whittaker)指出的那样，即使是制造泰瑟枪、无人侦察机和人工智能增强型警用人体摄像头的阿克森（Axon）公司，现在也有了一个道德委员会，该委员会的成立显然不足以应对该公司业务活动所引发的道德问题。除非道德委员会有权否决产品决策并追究公司执行层的责任，否则它们只不过是"道德剧场"。科技公司发布道德原则和任命首席道德官的举措也是如此，如果没有确凿的证据表明他们在推动合乎道德的行为，他们很可能缺乏可信度。

塞尔福斯公司（Salesforce）* 就是一个很好的例子。该公司表示，它"对社会负有更广泛的责任……创造技术……维护每个人的基本权利"。2018 年，它任命宝拉·戈德曼（Paula Goldman）为首席道德和人道行使官（chief ethics and humane use officer），负责了解公司产品对社会的影响，创建内部道德文化和产品设计流程，并通过与利益相关者的对话推进数据道德领域建设。但是，这并没有缓解塞尔福斯与帕兰提尔就其与美国海关和边境保护局签订的合同所面临的持续批评，该合同据称涉及在美国南部边境对移民的不人道待遇。

类似地，2019 年，谷歌的人工智能道德委员会在成立一周后结束，因为有人批评该委员会任命了一名对少数群体权利持有不公正观点的成员。这表明谷歌在人工智能伦理思想上存在重大差距——尤其是他们没有意识到与机器超级智能相比，算法的不公正具有更明显、更现实的危险。

---

* 塞尔福斯公司是创建于 1999 年的一家客户关系管理（CRM）软件服务提供商。——译者注

机器学习和机器人技术产生的工作替代

2013 年,经济学家卡尔·贝内迪克特·弗雷(Carl Benedikt Frey)和迈克尔·奥斯本(Michael Osborne)的研究表明,美国 47%的工作面临计算机化带来的替代风险。他们的论文引发了一波关于"人类工作的未来"的报告和研究,获得了 5 000 多频次的学术引用。就业的长期前景似乎比想象的更为黯淡。前面提到的人工智能专家调查显示,到 2140 年,机器取代所有人类工作的可能性为 50%。工作对我们的认同感至关重要,工作替代既是一个经济问题,也是一个生存问题。有人认为,依托自动化发展起来的科技公司对那些生活受到威胁的工人负有道德责任。

科技公司的首席执行官们似乎有点赞同这种观点。由亚马逊、脸书、谷歌、微软和 IBM 创建的非盈利智库"人工智能合作伙伴"(Partnership on AI)在其研究中关注工作替代问题。与他关于人工智能发展速度的假设一致,埃隆·马斯克支持并呼吁普及性的最低工资政策,易贝创始人皮埃尔·奥米迪亚(Pierre Omidyar)和运营硅谷有影响力的创业加速器 Y-Combinator 的萨姆·奥尔特曼(Sam Altman)也是如此。在 2017 年达沃斯世界经济论坛的一次会议上,微软首席执行官萨蒂亚·纳德拉(Satya Nadella)表示,"我们应该尽最大努力为未来的工作培训人才",而塞尔福斯的首席执行官马克·贝尼奥夫(Marc Benioff)则表示他担心人工智能会造成"数字难民"。然而,尽管工作替代可能是科技公司首席执行官们关注的问题,也是会议演讲和慈善活动的焦点,但迄今为止科技公司几乎没有采取切实行动来缓解这一问题。

调和世界伦理传统差异

大型科技公司在思考数据道德时面临一个复杂的问题,它们所在的国家存在不同的伦理传统。世界上主要的伦理传统包括伊斯兰传统、儒家传统、印度传统和佛教传统,以及西方或犹太—基督教传统。

即使在这份远非详尽的清单中,在商业道德层面上也存在着明显的分歧。基于信任的关系可能被视为比法律合同更重要或更不重要。偏袒家庭成员可能被视为一种美德,也可能被视为一种罪恶。此外,在某类伦理传统内部也会存在分歧。例如,美国强调自力更生的美德,而欧洲则强调照顾穷人的责任。在伊斯兰传统中,法律的解释因当地环境而改变,这导致道德行为的变化。

但是,也有一些重要的趋同点。履行职责和"己所不欲、勿施于人"是普遍的美德。这条"黄金法则"为《圣经》读者所熟知,但它也出现在孔子言论和思想的作品集《论语》中。

与此同时,伤害他人、偷窃、说谎和欺诈被普遍视为罪恶。由于这些趋同点,确定跨国商业活动的普遍最低道德标准是可能的,至少每个人都或多或少相信应尊重人的尊严和基本权利。因此,最低道德标准包括确保产品、服务和工作场所安全;维护个人受教育的权利和适当的生活标准;将员工、客户和供应商视为具有内在价值的人而不是实现目标的手段等。同样，人们普遍认为，公司应该支持教育系统等基本社会机制，并与政府合作保护环境。

这些标准的制定考虑到制药、石油和化学品等行业特点，以及这些行业产生的泰诺药物中毒、埃克森瓦尔迪兹邮轮漏油和博帕尔有毒气体泄漏等灾难事故。正如我们所看到的，数字技术提出了新的问题，指望通过应用现有的道德标准来充分解决这些问题是不现实的。但我乐观地认为，可以在数据伦理方面达成"重叠共识"。上海罗维邓白氏营销服务有限公司（Shanghai Roadway，以下简称"上海罗维"）的故事是将这一理念付诸实践的一个例子。

上海罗维是美国数据公司邓白氏集团（Dun&Bradstreet）在中国的子公司，该公司为世界财富500强中约90%的公司提供市场数据分析。在2019年被私募投资者收购之前，邓白氏集团在纽约证券交易所上市。2017年，其收入为17亿美元。作为在中国市场扩张战略的一部分，该公司于2009年收购了上海罗维。与该公司的许多其他部门一样，上海罗维向贷款人和其他商业客户销售有关企业和消费者的数据，2011年创造了2 300万美元的收入。

然而，上海罗维的数据收集行为却引发了争议。与益百利等其他数据公司的商业模式一样，上海罗维通过与银行、保险公司、房地产代理和电话营销公司的商业关系，获取个人数据，以充实其数据库。该公司拥有约1.5亿中国公民的个人信息，包括收入水平、工作和地址，该数据库中的记录以每套约0.23美元的价格出售给公司作为营销和销售线索。

2012年9月，上海地区检察官指控上海罗维和五名前雇员非法获取属于中国公民的私人信息。法院对该公司处以相当于16

万美元的罚款,并判处四名前雇员两年监禁。该判决的依据是2009年《刑法》的修正案,该修正案规定了金融服务、电信、运输、教育和医疗行业的公司获取或出售公民个人信息的非法行为。判决后,上海罗维停止交易,邓白氏向美国监管机构进行了报告。2018年4月,邓白氏同意支付900万美元罚款,以解决美国《反海外腐败法》项下的指控,该指控涉及向代表上海罗维采购数据的第三方代理支付的款项,以及邓白氏的另一家中国子公司贿赂政府官员以方便获取个人数据的问题。

上海罗维案的意义在于,它展示了在现实生活中数据伦理问题上的"重叠共识"。中国和美国检察官一致认为,上海罗维的行为是不道德的,并都相应地对邓白氏进行了制裁。在中国,它的商业模式是在未经知情同意的情况下收集和出售个人数据,而在美国,它的做法是向中介机构和政府官员进行账外支付,也就是所谓贿赂。

超越电车难题

当然,宗教传统不是道德的唯一基础。谷歌、特斯拉和优步等大型科技公司最近开发的自动驾驶汽车使哲学道德成为人们关注的焦点。

2016年,全球道路交通事故造成140万人死亡。虽然自动驾驶汽车的开发商声称,自动驾驶可以通过减少人为的错误来对道路安全产生有利影响,但他们对技术的采用将不可避免地导致致命事故。事实上,在我撰写本书时,特斯拉的自动驾驶系统已经造成了 5 人死亡,而优步则造成了 1 人死亡。这就提出了一个道德问题,那就是作出决定的自动驾驶软件在汽车可能发生碰撞时应如何作出反应。这个问题事实上让程序员们面临哲学家菲利帕·富特(Philippa Foot)用来界定道德困境的"电车难题"。

电车难题是一个思想实验。一列失控的电车正朝着五个人开去,这五个人无法动弹且会在碰撞时全部丧生。假设你站在失控的电车和人群之间的一个点上,你可以通过拉动控制杆扳动道岔,把电车转移到第二条轨道上,但第二条轨道上有一个人会因此丧生。那么,你应该拉动控制杆吗?

电车难题:你应该让电车改道吗?

这个问题抓住了哲学伦理学两大流派——功利主义和道义论之间的分歧。正如我们在第六章中所看到的,功利主义通过权衡一个行为的后果来确定它是否合乎道德。如果杰里米·边沁站在要拉控制杆的地方,他会拉动控制杆,因为拯救五条生命所创造的幸福感会抵消一条生命逝去造成的幸福感损失。相比之下,与伊曼纽尔·康德(1724—1804 年)相关的道义论观点认为,所有行为本身都有对错之分。康德不会拉动控制杆使失控的火车转向,因为不管情况如何,不杀人是一个人的责任。

由于许多人的生命都受到潜在的威胁，学者们认为，关于哪种道德理论被编码到自动驾驶汽车软件中的决策权不应该留给程序员。这甚至不是一个简单的二元选择，基于功利主义原则运行的软件需要知道是否要优先考虑乘客的生命，而不是行人和其他车辆中乘客的生命。如果我们将这些理论应用到上海罗维的案例中，很难看出一种严格的道义论或功利主义的数据伦理方法是可行的。道义论要求根据行为本身作出确定对错的决定，并没有给世界不同地区的规范差异预留空间。同时，功利主义要求我们权衡不同行为的后果，但即使是在相对简单的上海罗维个人数据获取的案例中，也很难进行这种计算。数据被上海罗维违法交易的中国公民中，有多大比例的人遭受了损害？是通过不受欢迎的电话、短信还是其他更严重的方式受到了损害？上海罗维的客户从使用这些数据中获得了哪些经济利益？这些利益中又有多少流向了他们自己的客户、股东和员工？如何量化这些危害和好处？而更复杂的问题，如与刑事司法系统中使用的算法的发展有关的问题，就更难以接受功利主义所要求的计算了。

幸运的是，还有另一种被称为德性伦理学的理论，它可以追溯到古希腊和亚里士多德（约公元前 384—322 年）的思想。对亚里士多德来说，伦理学不应该关注具体的行为，而应该关注实施这些行为的人或组织的品格。

在电车难题中，拉动控制杆是否合乎道德取决于面临选择的人的具体境况，因此，拉动控制杆可能表示勇敢的美德，也可能表示狂妄自大的邪恶。当适用到数据道德时，美德伦理学建议科技公司应该问自己："我们应该是什么样的公司？"在上海罗维的案例中,邓白氏集团可能会问:"我们是否希望成为那种通过账外支付方式秘密获取个人数据的公司?"提出这个问题有助于确定科技公司的一个普世美德:透明度。采取透明的行动将要求他们向消费者清楚地表明,关于他们的数据如何最终进入商业营销数据库,并避免与供应商和中介机构签订额外的合同安排。

美国云火炬公司(Cloudflare)撤回为一个与白人至上主义和新纳粹意识形态相关的贴吧 8cha 提供服务的决定,就是一个实践中德性伦理学的例子。美国云火炬公司是一家总部位于旧金山的网络基础设施公司,提供云安全服务,保护网站免受网络攻击。它为包括 IBM、汤森路透和禅客(Zendesk)* 等客户提供超过 1 900 万个网站的支持服务。

直到 2019 年,8chan 一直是美国云火炬公司的客户之一。从历史上看,美国云火炬将自己视为一个中立的提供公用事业服务的公司,它不会根据客户网站的内容对客户作出判断。这一立场可以从道义论或功利主义的角度来论证。有人可能会说,私人公司审查言论是错误的,或者移除像 8chan 这样的客户可能会导致政府施加压力,要求删除属于劣势少数群体的网站。但是,当 2019 年 8 月在得克萨斯州埃尔帕索发生的一起大规模枪击事件的肇事者在 8chan 上张贴了一张宣言海报时,美国云火炬公司的首席执行官马修·普林斯(Matthew Prince)改变了立场,终止了与 8chan 的合同,并在官网上的一篇博文中写道:

---

* 禅客成立于 2007 年,总部位于美国加州旧金山。该公司为客户提供基于互联网的 SaaS 客户服务/支持管理软件,使企业可以更加轻松地管理终端客户的服务和支持需求。——译者注

我们不会轻易作出这个决定。美国云火炬是一家网络提供商。为了实现帮助建设更好互联网的目标，我们认为广泛提供安全服务非常重要，以确保尽可能多的用户是安全的，从而降低网络攻击的吸引力，无论这些网站的内容如何。我们的许多客户在我们的网络上运行自己的平台。如果我们的政策比他们的更为保守，这实际上削弱了他们运行服务和制定自己政策的能力。我们勉强可以容忍那些我们认为应该受到谴责的内容，但我们在平台上划定了一条底线，那就是无法容忍那些已经被证明它们直接引发了悲剧事件，并且在设计上是违法的内容。

美国云火炬似乎希望成为一家在不破坏法治的情况下尽可能维护网络中立性的公司。同样值得注意的是，普林斯通过公开发表关于他的决定的文章，并就此接受记者采访，从而展现了公开透明的美德。

如果德性伦理学是大型科技公司最有意义的框架，那么公司应该如何应用它？我们设想一个虚拟的电信基础设施提供商和硬件提供商。为了寻求收入增长，这家供应商可能会考虑多样化的所谓的"增值服务"，如消息应用程序、定位服务、物联网分析和移动广告。所有这些服务都涉及个人数据的收集和存储，即使是端到端的加密信息也会产生元数据来帮助识别个人用户，甚至企业对企业的物联网应用程序也可以通过传感器捕捉员工个人的数据。与此同时，存储来自这些服务的个人数据会产生风险，这些数据可能会被"坏人"盗用并用于危害他人。

简言之,提供增值服务有可能使个人受到伤害。此外,由于数据保护立法通常落后于数字技术的进步,因此不能完全依靠立法作为指南。一种可能的应对措施是采用实践优先数据的保护标准。这包括确保个人对数据收集知情并同意,同时在将来能够撤回该同意,以及仅收集服务有效运行所需数据的"数据最小化"原则等。

如果通过提供增值服务产生的数据被用于衍生用途,例如使用位置数据来定位推送广告,或将来源于智能家居设备的物联网数据打包为分析产品,则会出现进一步的问题。由于二次使用在数据收集时往往是未知的,因此它们与同意原则存在矛盾。类似地,大数据分析与数据最小化原则存在矛盾,因为大数据分析的基础就是对超大数据集的相关性的偶然发现。

与此同时,增值服务的发展可能会产生意想不到的后果。定位服务已经被家庭虐待犯用来追踪受害者;直播服务已经被用于传播自残、自杀和大规模杀戮的镜头,加密信息服务已经被用来传播儿童性虐待的音视频和策划恐怖主义行为。

这些意料之外的后果是否意味着电信公司在这些领域开发新产品是不道德的?实践优先标准是否意味着增值服务只有在其范围受到严格限制的情况下才能合乎道德?我不这么认为,因为这种标准忽视了这些服务给大量用户和客户带来的好处,也阻止了数据分析创造公共价值的机会。比如,能够促进家庭能源节约的智能家居分析可以显著地减少碳排放。相反,多问问"我们应该是什么样的公司?"这样的问题,有助于在不惜任何代价追求创新、盈利增长与出现失控的风险等随之而来的后果之间取得平衡。

良善的科技巨头

那么,科技巨头在数据道德方面应该做些什么呢?治理是一个良好的开端。将其合规职能范围扩大到"道德和合规"意味着所有公司都有更广泛的社会责任,而不仅仅是遵守法律和降低监管风险,科技公司拥有的独特权力只会强化这些责任。如果成立了一个专门负责数据道德的团队,该团队应在公司治理结构中发挥正式作用,包括产品决策的否决权。没有这些权利,道德委员会将难以脱离"道德剧场"。同时,委员会的关注范围不应局限于人工智能。正如我们所看到的,数据道德问题涉及面更广、更深,而且许多问题比机器超级智能的威胁更紧迫。

科技公司在评估是否终止可能导致不道德行为的客户关系时也可以使用道德框架,塞尔福斯和帕兰提尔与美国海关和边境保护局的关系就是一个例子。这些决策很少是直截了当的决定,但像美国云火炬对 8chan 所做的那样,公开决策的过程是一件有益的事情。与此同时,在数据道德的实践问题因伦理传统和规范的不同而变得复杂的情况下,就像上海罗维案一样,"重叠共识"是可能实现的,并且肯定应该继续下去。

回到前几章的主题,公司应当有道德上的紧迫感,为个人提供个人数据收集、存储和使用的透明度,并提供工具让他们能够对其进行控制,就像谷歌的安全中心和脸书的广告偏好中心那样。同时,应当将审查"参与度"指标作为业务目标的适当性,因为业务目标可能与用户的福祉不一致，甚至完全背离。开发新产品时，应充分考虑与数据相关的风险和潜在的意外后果，而不是培养"创新无需许可"的文化。

但是，一家有道德的科技公司在努力降低伤害风险的同时，也会试图最大限度地发挥它在世界上所做好事的功用。它可以采取哪些积极的行动呢？

"共同创造"未来的工作

自动化不是失业危机的唯一驱动因素，正如"灵工经济（gig economy）"一词的出现所表明的那样，劳动力市场正变得更加灵活和不稳定。虽然科技公司一直以来都不乏关于"未来工作样态"的研究与倡议，但大多数切实的干预都来自应对就业日益不安全的初创企业和社会企业。因此，寻求让人类繁荣的科技公司也有机会去主动创造未来的工作。在这些工作中，人与机器不存在竞争，而是以一种既能提高绩效又能丰富人类生活的方式进行合作。

这种工作形式的先例其实已经存在。机器学习算法在诊断某些癌症方面与经验丰富的医生一样有效，为医学专业人士指明了一个未来。在这个未来中，人工智能在图形识别和数据处理速度方面的优势将补充人类的临床经验。同时，就业机会也存在于那些需要雇佣更多人的不太专业的工作类型中，食品配送行业就是一个例子。英国的户户送（Deliveroo）和中国的饿了么等公司通过结合移动应用程序、物流和空闲劳动力，创造了高增长的业务。

人种学研究显示，送货员与为其分配订单和规划路线的算法之间存在某种敌对关系，因此送货员们通过面对面交谈或在瓦茨艾普群聊中形成联盟，尝试联合抵抗算法，反复测试各种策略来提高他们的收入。与此同时，遥远的从未与送货员们交流的总部的算法开发人员仅仅是基于对用户需求的假设开发新功能，而送货员们了解这些假设存在的缺陷。

"共同创造"的方法有可能重新设计人类劳动者与人工智能之间的关系，使二者更和谐、创造更大经济效益。这一过程涉及将利益相关者群体聚集在一起，共同制定解决方案。就食品配送而言，这些利益相关者将是送货员、算法开发者和应用程序用户。虽然"共同创造"通常与新消费产品和服务的开发有关，但现实中它已经被建议用来帮助在西班牙巴斯克地区的蒙德拉贡市创造和规划新的工作机会，虽然自动化和绿色转型的需要给大量制造业和建筑工人带来了不确定性。科技公司可以与那些工作遭受技术替代领域风险或因自己公司产品而面临风险的员工一起参与"共同创造"的过程。客户服务、社交媒体内容调节和设备制造等领域的数百万员工可以从这些计划设计的新工作中受益。

将更多数据放入公共领域

采用数据驱动商业模式的科技公司倾向认为，他们提供的产品和服务的价值高于其收集并货币化的用户数据为其带来的价值，因此，他们通常没有动力探索为用户的数据提供补偿的政策。

在我看来,将数据视为私有财产有哲学上的障碍,向用户支付数据费用有实际操作障碍。无论如何,想要实现科学进步和社会公正的科技公司可以考虑以不同的形式共享数据价值。具体而言,我想建议科技公司将它们收集的数据中的更大比例公开提供给研究人员、决策者和公众,以便重复使用。

要公开什么样的数据呢？和以往一样,互联网搜索数据提供了一个有用的例子。谷歌已经通过谷歌趋势应用(Google Trends)说明,有限的搜索数据对学术研究显然是很有价值的。在公共卫生领域,它可以用来分析纤维肌痛的症状与家庭暴力季节性之间的关系,还可以用来预测新冠病毒的跨国流动和传播模式等。但是,谷歌趋势在搜索词变异方面可提供的数据非常少,这些数据可以准确地显示了用户在搜索特定主题时所搜索的内容。正是搜索词变异的深度分析数据包含了对公众舆论、态度、偏好、需求、欲望和行为的理解和预测。由于这些数据对广告商的价值微乎其微——比如网站上数亿次对国家利益的搜索——科技公司几乎没有商业理由囤积这些数据。不仅谷歌、百度和必应这样的搜索引擎能够捕获互联网搜索词,网络浏览器、浏览器扩展插件、反病毒软件应用程序和互联网服务提供商也能如此。以去标签化和聚合的形式让更多的搜索数据公开是科技公司促进公共利益的一种方式。同样的观点也可以应用于去标签化和聚合的位置数据、物联网数据和点击流数据,亦即关于用户访问哪些网站以及访问顺序的行为数据。

令人遗憾的是,这并不是普遍的趋势。谷歌最近弱化了谷歌相关性分析工具的功能,这一工具能使研究者能够看到哪些搜索词与他们自己的搜索历史数据集相关。脸书、推特和油管上的社交媒体数据分析也呈现出类似的趋势。部分原因是剑桥分析公司丑闻后要求加强隐私控制，研究人员对数据集的访问越来越受限，这一趋势有时被称为"API 的灾变"。除学术界之外，正如我们在第五章看到的，那些依赖社交媒体数据调查潜在战争罪和侵犯人权行为的开源智能组织发现，油管删除视频历史，以及脸书图像搜索和谷歌地球的全景图层工具的退出等一系列变化阻碍了他们工作的开展。

似乎科技公司根本不知道它们已经共享的数据有超乎认知的有益用途，也无法想象它们所储存的数据会有什么用途。这些可能包括科学进步、医学突破、刑事起诉和公共政策创新等。一家道德高尚的科技公司应寻求释放这些数据的机会，而不是封锁它们。

注 释

1. 本章引用了我与彼得·威廉姆森教授和斯特里奥斯·齐格利多普洛斯教授合作为剑桥耶稣学院英中全球问题对话中心撰写的一份研究报告。原版报告可在 https://bit.ly/data_ethics 下载。

2. 有关灾难对股价影响的数据来自 Knight, R.F. and Pretty, D.J., "The Impact of Catastrophes on Shareholder Value", Oxford Executive Research Briefings, Templeton College, Oxford, 1997。

3. 关于数据道德的定义和简短历史，参见 Floridi, L. and Taddeo, M., "What Is Data Ethics?", *Philosophical Transactions*: *Series A*, *Mathematical*, *Physical and Engineering Sciences*, 374(2083), 28 December 2016, Vol.374(2083)。

算法决策中的偏见、歧视和不公正

1. 参见 Cathy O'Neil, *Weapons of Math Destruction*: *How Big Data Increases Inequality and Threatens Democracy*, Penguin, London, 2017。关于在刑事司法中使用算法决策的更多信息，参见 Fry, H., *Hello World*: *How to Be Human in the Age of the Machine*, Transworld,

London，2018。

2. 有关科技公司缓解算法不公正的工具，参见：

- Facebook(2018)，"AI at F8 2018：Open frameworks and responsible development"，https://engineering. fb. com/ml-applications/ai-at-f8-2018-open-frameworks-and-responsible-development/.

- Google(2018)，"Introducing the What-If Tool for Cloud AI Platform models"，https://cloud. google. com/blog/products/ai-machine-learning/introducing-the-what-if-tool-for-cloud-ai-platform-models.

- IBM(2018)，"Introducing AI Fairness 360"，https://www.ibm.com/blogs/research/2018/09/ai-fairness-360/.

3. 有关算法透明性的例子，参见 Gillis, T.B. and Simons, J.，"Explanation ＜ Justification：GDPR and the Perils of Privacy"，Pennsylvania Journal of Law and Innovation，19 April 2019。

作为人类生存风险的人工智能

1. 人工智能专家的调查结果可参见 Grace, K. et al.，"When Will AI Exceed Human Performance? Evidence from AI Experts"，https://arxiv.org/abs/1705.08807。

2. 尼克・博斯特罗姆的书：Bostrom, N.，*Superintelligence：Paths，Dangers，Strategies*，Oxford University Press，Oxford，2014。

3. 计算圆周率的思想实验来自 Susskind, J.，*Future Politics：Living Together in a World Transformed by Tech*，Oxford University Press，Oxford，2018。

4. 梅雷迪思・惠特克的评论来自 Crawford, K. and Whittaker, M. (2018) "How Will AI Change Your Life?"，Recode Decode podcast，8 April 2019。

5. 关于塞尔福斯，参见"Ethical and Humane Use"，https://www.salesforce. com/company/ethical-and-humane-use/；以及 "US Customs and Border Protection Agency Selects Salesforce as Digital Modernization Platform"，Cision，6 March 2018。

6. 关于谷歌的伦理委员会，参见"Google's AI Ethics Board Might Save Humanity"，*Huffpost*，28 January 2014；以及 Piper, K.，"Google Cancels AI Ethics Board in Response to Outcry"，*Vox*，4 April 2019。

7. 马斯克关于超级人工智能的推特，参见 https://twitter. com/elonmusk/status/495759307346952192。

机器学习和机器人技术产生的工作替代

1. 人工智能和机器人技术导致工作岗位流失的风险评估参见 Frey, C. and Osborne, M.，"The Future of Employment：How Susceptible are Jobs to Computerisation?"，*Technological Forecasting and Social Change* 114，2013，pp.254—280。

2. 有关失业引发的生存问题,参见 Cohen, J., *Not Working：Why We Have to Stop*, Granta, London，2018。

3. 科技公司首席执行官对机器驱动的工作岗位替代的担忧和对 UBI 的呼吁,参见 Clifford, C., "Y Combinator President and eBay Founder join Elon Musk in Addressing Crisis of Robots Taking Jobs", CNBC, 13 February 2017；以及 Kharpal, A., "Tech CEOs Back Call for Basic Income as AI Job Losses Threaten Industry Backlash", CNBC, 21 February 2017。

调和世界伦理传统的差异

1. 关于商业语境中的伦理传统,参见 Hendry, J., *Ethical Cultures and Traditions*, Second Edition，2013,参见 http://johnhendry.co.uk/wp/wp-content/uploads/2013/05/Ethical-cultures-and-traditions.pdf。

2. 商业道德规范的总结借鉴了 Donaldson, T., "Values in Tension：Ethics Away from Home", *Harvard Business Review*, Sep—Oct 1996。

3. 有关上海罗维的案例研究素材来自:

   • Dun & Bradstreet company website，https://www.dnb.com/about-us. html.

   • Chu, K., "Dun & Bradstreet Fined, Four Sentenced in China", *Wall Street Journal*, 9 January 2013.

   • "Dun & Bradstreet Reportedly Fined RMB ＄1 Million for Illegally Obtaining Personal Information in China；Four Employees Imprisoned", Inside Privacy, 10 January 2013.

   • Volkov，M., "Dun and Bradstreet Pays ＄9 Million for FCPA Violations in China", 9 May 2018.

4. 潜在客户开发市场规模由 Statista 公司在"Digital lead generation ad spend in the US, 2019—2023"一文中载明。

超越电车难题

1. 道路交通死亡的数据参见 World Health Organization, The Top 10 Causes of Death, 2018，https://www.who.int/news-room/fact-sheets/detail/the-top-10-causes-of-death；以及维基百科关于自动驾驶死亡率的统计,wikipedia, https://en.wikipedia.org/wiki/List_of_self-driving_car_fatalities。

2. 这起涉及优步自动驾驶的致命事故被报道于 Levin, S. and Wong, J.C., "Self-driving Uber kills Arizona Woman in First Fatal Crash Involving Pedestrian", *Guardian*, 19 March 2018。

3. 电车难题源于:Foot, P., "The Problem of Abortion and the Doctrine of the Double Effect", in *Virtues and Vices*, Basil Blackwell, Oxford, 1978. 图片来源: https://commons.wikimedia.org/wiki/File:Trolley_Problem.svg. For a discussion in relation to self-driving cars, see Fry (2018)。

4. 关于道德偏好的变异，参见 Awad，E.，Dsouza，S.，Kim，R. et al.，"The Moral Machine Experiment"，*Nature*，563，2018，pp.59—64。

5. 关于美国云火炬的案例研究，参见 Roose，K.，"Why Banning 8chan Was So Hard for Cloudflare：'No One Should Have That Power'"，*New York Times*，6 August 2019。

6. 有关美国云火炬公司的一些事实来自其官网 https://www. cloudflare.com/。普林斯的话来自 Prince，M.（2019），"Terminating Service for 8chan"，参见 https://blog. cloudflare.com/terminating-service-for-8chan/。

7. "增值服务"被滥用的例子包括：

   • 跟踪骚扰：Valentino-DeVries，J.，"Hundreds of Apps Can Empower Stalkers to Track Their Victims"，*New York Times*，19 May 2018。

   • 直播杀戮：Tanakasempipat，P. and Thepgumpanat，P.，"Thai Man Broadcasts Baby Daughter's Murder Live on Facebook"，Reuters，25 April 2017。

   • Roose，K.，"A Mass Murder of，and for，the Internet"，*New York Times*，15 March 2019.

   • 儿童虐待：Newton，C.，"The Big Disturbing Problem that Could Help End Encryption"，*The Interface*，30 September 2019。

良善的科技巨头

谷歌的隐私控制政策参见 https://safety.google/privacy/privacy-controls/。

"共同创造"未来的工作

1. 关于本节标题的说法，参见 Leadbeater，C.，"The RSA Future Work Awards—Meeting Anxiety with Innovation"，RSA，6 February 2019。

2. 人工智能和人类医生合作抗击癌症的例子，参见 McKinney，S. M.，Sieniek，M.，Godbole，V. et al.，"International Evaluation of an AI System for Breast Cancer Screening"，*Nature*，577，2020，pp.89—94。

3. 食品外送平台商业模式和算法动态的描述参见 Perrig，L.，"Matching Users' and Developers' Beliefs：The Algorithmic Management of Uncertainty"，Presentation at *Connected Life：Data & Disorder*，London School of Economics，2019。

4. 关于蒙德拉贡，参见 Agirre Lehendakaria Center for Social and Political Studies，"Mondragon Will Count on Mariana Mazzucato in its Commitment to Social Innovation"，2019。

将更多数据放入公共领域

1. 论将数据视为私有财产的哲学障碍，参见 Prainsack，B.，"Logged Out：Ownership，Exclusion and Public Value in the Digital Data and Information Common"，*Big Data & Society*，6(1)，2019，2053951719829773。

2. 关于开源智能的危害，参见第五章和 Dubberley(2019)。

结　论

　　那是七月一个阳光明媚的早晨。头天我把我的家具送给了其他学生，收拾好了我的书和衣服，打扫了公寓。搬家工人雷要到一点钟才到，所以我发现自己还有几个小时要打发。我慢吞吞地走到剑河河畔，在一家咖啡馆里喝了一杯馥芮白，吃一片抹牛油果酱的吐司。咖啡馆的窗户敞开着，风徐徐吹来。鹅卵石路上一辆辆自行车驶过，三两成群的游客坐上河边的平底船。这座城市突然变得绿意盎然，到处都是鸟语花香。我想我这一年为什么没有花多少时间去享受这简单的美好呢。旋即，一丝苦笑划过我脸庞，我想起了原因：剑桥权力！

　　雷在公寓外停车，我看到他换了辆新的面包车，看来他生意不错，也许他在我最初找到他的送货比价网上的订单量比之前更多了，也有不少回头客吧。当我们沿着 M11 公路驶向伦敦时，我想我应该告诉他是什么让我首先在网站上选择了他而不是与他竞争的其他搬家工。我对他说，其他工人简介里的照片都是货车的照片，小货车、大货车、白色货车、灰色货车、奔驰货车、全顺小巴等等,但雷的介绍里有他自己本人的照片。从照片看上去,他看起来经验丰富、可靠,还和蔼可亲。他笑着点了点头:"你知道吗,你不是第一个告诉我这些的人。"他说:"他以前和其他人一样,简介里就放一张货车的照片。但后来我想,也许用户更关心司机,而不是他们拥有的货车类型。所以我把我的照片放上去了,我的订单就越来越多。"我心想,雷这相当于对人们在网上的行为形成了一个假设,还对其进行了实验,甚至利用数据对结果进行了评估。我会心一笑,"在我的专业领域"我告诉他:"我们把这叫做优化(optimization)。"

我们聊起了夏天的计划。雷准备带着他的狗去萨福克郡他姐姐家住几个星期,我要去希腊转转。我提到我对自己旅程产生的碳排放感到有点内疚,然后雷说了一些我意料之外的话:"我不相信气候变化是人为的。"这我有点吃惊。"在我看来,"他解释道,"地球总是在不断升温和降温。在人类出现之前,它就已经是这种变化模式了,所以现在这状况肯定不可能全是我们造成的。"我正在想接下来该说什么,这时他在红灯前停了下来,两条哈巴狗在我们面前横穿马路,给了我一个绝佳的机会来改变话题。

我觉得气候变化是一个非常重要的话题,所以我认为雷的看法是错的。但这并不意味着他是一个坏人,也不意味着我将来应该拒绝再让他帮我搬家。如果有的话,我应该多听他说。如果能设身处地站在雷的角度思考,很明显可以看到在气候政策方面,他面临着一些对他而言至关重要的不同的事情。他的生计在很大程度上比我更依赖产生碳排放的活动。出于类似的原因,我和他必然会对自动驾驶车辆和用于在灵工平台上分配工作的算法有不同的看法。这就是为什么决策需要从广泛视角出发，无论是数据、技术，还是气候变化。当然，包容意味着分歧不可避免，因此我们必须放弃只有一个"正确"答案的想法，转而寻求"重叠共识"。

但是，目前关于数据和技术的争论并不是这样展开的。相反，它看起来越来越像是两个无情的对手之间的冲突，一方是公民和他们的政治代表，另一方是科技公司。借用杰米·巴特利特（Jamie Bartlett）写过的一本颇有对抗性意味的书名《人民与技术》（*The People vs. Tech*）* 可以对此进行描述。在这样的背景下，这么多人相信新冠病毒大流行的背后是阴谋论，认为新冠病毒是比尔·盖茨发明的一种生物武器，或者认为华为的5G网络可以传播病毒等，也许就不足为奇了。毕竟，如果科技公司准备在数字世界中损害我们的利益，为什么他们不在现实世界中也这样做呢？与此同时，甚至一些通常可以被认为是中立客观的学术界人士，他们在谈论科技公司的高管时，似乎也认为这些人不仅是错误的或误导性的，甚至是邪恶的。马克·扎克伯格被称为"反社会者"，谢丽尔·桑德伯格被称为"监视资本主义的伤寒玛丽（Typhoid Mary）** "。

当我听到人们使用这种批判性的语言时，我想起了我第一次访问益百利位于诺丁汉的总部的情景。出发前，我用谷歌地图来规划我从车站出发的路线，惊讶地发现益百利总部被贴上了"一群白痴"的标签。那是2009年，谷歌地图还没有添加"已验证的列表"功能，因此任何人都可以在一个地点上留下一个标签，然后随

---

* 这本书还有个副标题，其全名为：《人民与技术：互联网如何扼杀民主》（*The People vs. Tech：How the Internet is Killing Democracy*）。——译者注
** 一位将伤寒杆菌流传给许多人的厨师，用来比喻毒瘤或害群之马。——译者注

便写下什么东西。也许这个标签是由反对网格化地理人口分割系统的人创建的。或者,更有可能的是,有人因为贷款申请被拒绝而生气,并将他们的不幸遭遇归咎于益百利。

我在卡罗尔·卡德瓦莱德和克里斯托弗·怀利在《卫报》的活动中体验到的那种沉沦的感觉的几年后,我意识到我加入的是一家被许多人嫌恶的公司。几年后,在世界经济论坛关于个人数据未来的研讨会上,我以不同的方式感受到了这种嫌恶。我很认真地想找到利用数据造福个人和社会的方法,但在同一个圆桌论坛上的来自公共部门和第三产业的嘉宾似乎并不信任我,他们认为我有什么隐藏的想法,是想为益百利收集数据以增加利润。

每次遇到在一家因为其商业模式或道德表现让我不喜欢的公司的员工时,我都会想起"一群白痴"的标签。它提醒我,在每一个组织中,其实都有正直的人在努力使事情变得更好,他们不应被我的判断而左右,更不应该被怀疑。

这就是为什么我认为是时候改变关于数据和数据技术争论的基调了。把所有为科技巨头工作的人都假设为自私、不道德或邪恶的对事情的解决没有任何帮助。这种敌对态度将使受到评价的一部分人远离可能给日常生活、公共卫生、经济、医学和社会平等带来巨大好处的工作。另一部分人将会想:"好吧,去你的吧,如果你期望我是一个只追求自己经济利益的人,好啊!那就是我要做的。"相反,他们必须被纳入有关政策的讨论,我们需要听取他们的意见。还需要让数据科学家和开发者更容易地以对社会有用的方式应用他们的技能,方法是开放更多的政府数据,并强调搜索数据分析等具有商业起源的技术可以提供解决公共挑战的方式。

中国科技公司的员工也应包括在内。在接受我们正在进入一场新冷战、需要淘汰华为设备并禁止抖音的现实之前，我们至少应该努力在数字技术治理方面找到全球范围的"重叠共识"。一套共同的规范和标准必须优于加深现有意识形态分歧的"分裂网"。就数据隐私问题达成全球协议也许可能性不大，但限制数字技术用于施暴是一个更重要的目标，也是一个更容易实现的目标。

对美国科技公司来说，防止暴力也应该是改革的重点。在广告方面，我们需要更严格地控制谁可以使用像类似受众这样的机器学习工具，以及对数字广告中所做声明的真实性进行具有可实施性的管理，而不是限制数据如何用于目标定位。限制加密信息服务中的一对多共享以及对煽动暴力行为的帖子采取更严厉的行动，远比额外保护隐私和言论自由重要得多。一旦这些监管到位，决策者就可以将注意力转向限制科技巨头利用其客户、供应商和竞争对手的能力，以及改革让创始人在其公司上市后很长时间内保持绝对控制权的股票结构。

所有这些都不可避免地涉及权衡，而我在第八章中阐述的数字合法性理论这样的简单工具可以用来思考它们。与此同时，几乎没有什么政策可以处理"剑桥权力"，这是一种分散而棘手的权力形式，它在暗处不断地影响着我们。对开发者和设计师来说，一个数字世界的希波克拉底誓言＊或许会有所帮助，但如果我们真的想减少技术对我们日常生活的神秘影响，自我保护是更重要的。

数据本身呢？在这本书中，我一直认为它是数字世界的命脉，

＊ 希波克拉底誓言是 2400 年以前诞生的古希腊医学职业道德圣典，主要目的为立誓拯救人命及遵守医业准绳。——译者注

作为一般规则,它应该自由流动。政府需要开放更多的数据,但科技公司也需要这样做。有时,这将涉及对个人隐私的计算风险,比如医疗记录用于旨在找到癌症治疗方法的大数据分析项目。但大多数时候,大规模聚合的匿名化数据已经足够好了,比如当我们看到在社区流动性背景下的新冠病毒流行时,大数据对防疫所起到的作用时。作为个人,我们应该停止将数据视为我们的私有财产,开始将其视为每个人都可以贡献并从中受益的共享资源。从这个角度来看,数据不属于我们,而是我们属于数据。

注 释

1. 杰米·巴特利特的书原版出版信息:Bartlett, J., *The People vs. Tech*:*How the Internet Is Killing Democracy(And How to Save It)*,Ebury,London,2018。

2. 约翰·诺顿在第一章提到的演讲和一篇文章中称扎克伯格为"反社会者",这篇文章为"Has Zuckerberg, Like Frankenstein, Lost Control of the Monster He Created?",*Guardian*,29 July 2018。肖莎娜·祖波夫在书中把桑德伯格描述为"伤寒玛丽",参见Zuboff (2019),Kindle edition,Loc 1682。

图片来源

我们想要对以下慷慨友好地许可本书复制图片的来源表示最诚挚的感谢,它们是:

The Economist Group Limited:34

Copyright Guardian News & Media Ltd.,2021 年:8

Properati:55

Retromash.com:119

所有其他照片由作者本人提供。

我们已尽力地正确确认并联系每张图片的来源和/或版权持有人,Welbeck 出版社对任何可能产生的无意的错误或遗漏表示歉意,这些错误或遗漏将在本书的未来版本中得到纠正。

图书在版编目(CIP)数据

好的数据:乐观主义者的数字未来指南/(英)萨
姆·吉尔伯特(Sam Gilbert)著;王申,罗孟昕译.—
上海:上海人民出版社,2023
书名原文:Good Data:An Optimist's Guide to
Our Digital Future
ISBN 978-7-208-18130-4

Ⅰ.①好… Ⅱ.①萨… ②王… ③罗… Ⅲ.①数据管
理-指南 Ⅳ.①TP274-62

中国国家版本馆 CIP 数据核字(2023)第 015029 号

责任编辑 王 冲
封扉设计 人马艺术设计·储平

好的数据:乐观主义者的数字未来指南

[英]萨姆·吉尔伯特 著

王 申 罗孟昕 译

孟雁北 审校

出 版 上海人民出版社
 (201101 上海市闵行区号景路 159 弄 C 座)
发 行 上海人民出版社发行中心
印 刷 上海商务联西印刷有限公司
开 本 635×965 1/16
印 张 16.75
插 页 2
字 数 175,000
版 次 2023 年 4 月第 1 版
印 次 2023 年 4 月第 1 次印刷
ISBN 978-7-208-18130-4/G·2141
定 价 68.00 元